「GR-PEACH」ではじめる
電子工作

はじめに

　本書はプロトタイピングを簡単に始めることができるボード、「GR-PEACH」(ジー・アール・ピーチ)の、初心者向け解説書です。

＊

　「プロトタイピング」(prototyping)とは、"創りたいものを短時間で試作する"ことです。

　「プロトタイピング」向けのボードとして人気のあるものに、「ARM mbed」(アーム・エンベッド)や「Arduino」(アルドゥイーノ)がありますが、「GR-PEACH」は、このうち「mbed」に対応しています。

＊

　「GR-PEACH」は、(株)コアで開発された、国産の製品です。
　「400MHzの高速CPU」「10MBもの大容量SRAM」「SDカードスロットやLANコネクタの標準装備」「カメラ入力」「液晶パネル出力」など、特に画像を扱うのに適した構成になっています。

　「GR-PEACH」の開発ツールは、ブラウザ上で動作するオンライン開発環境に対応しています。
　このため開発環境のインストールは不要であり、使用開始時に必要なさまざまな設定をしなくても開発をすることが可能です。
　また、直接ハードを操作する「ライブラリ群」もWebサイト上に揃っています。

＊

　本書の内容では、「高性能CPUの使い方がよく分からないが使ってみたい」「カメラを接続し画像処理をしてみたい」「インターネットを通じてデータをアップしてみたい」という方に向けた構成になっています。
　今後の展開として「ディープ・ラーニング」を使った顔認識のライブラリも公開していきます。

＊

　「創りたい！」から「造れる」へ、読者諸氏が夢ある楽しいものづくりをする際の参考になれば幸いです。

GADGET RENESASプロジェクト
新野　崇仁／山中　知之
近野　哲也／渡會　豊政

「GR-PEACH」ではじめる電子工作

CONTENTS

はじめに …………………………………………………………………………… 3
「回路図」「サンプル・プログラム」のダウンロード ………………………… 6

第1章　ハード編
[1-1]「GR-PEACH」について ……………………………………………………… 7
[1-2]「GR-PEACH」の機能 ………………………………………………………… 12
[1-3]「オプション・ボード」について …………………………………………… 20

第2章　ソフト編
[2-1]「mbed」について …………………………………………………………… 23
[2-2]「GR-PEACH」を動かしてみる ……………………………………………… 27
[2-3] 応用してみる ………………………………………………………………… 48
[2-4]「センサ」をつないでみよう ………………………………………………… 66

第3章　実践編　「マイコンカー」を走らせよう
[3-1]「GR-PEACH マイコンカー」の概要 ………………………………………… 81
[3-2]「割り込み」を使ったタイマ ………………………………………………… 107
[3-3]「モータ」を回してみよう（MTU2を使ったリセット同期PWMモード）… 112
[3-4]「サーボモータ」を動かしてみよう（MTU2_0を使ったPWMモード1）… 121
[3-5] カメラで撮影した画像を、PCで確認する ………………………………… 130
[3-6] カメラを使った「ライントレース制御」 …………………………………… 136
[3-7] カメラを使った「マーク認識」 ……………………………………………… 148

附録
[附録A]「Arduinoスケッチ」を作るためのツール …………………………… 159
[附録B] クラウドへの接続 ……………………………………………………… 162
[附録C] その他の「GRリファレンス・ボード」 ……………………………… 166

索引 ………………………………………………………………………………… 174

「回路図」「サンプル・プログラム」のダウンロード

第3章で利用する「回路図」と「各種プロジェクトのプログラム」(執筆時点)は、工学社のサポートページからダウンロードできます。

<工学社ホームページ>

http://www.kohgakusha.co.jp/

ダウンロードしたファイルを解凍するには、下記のパスワードが必要です。

6pwgCvgWKF2T

すべて「半角」で、「大文字」「小文字」を間違えないように入力してください。

●ARM、mbed、Cortex は、EU またはその他の国における、ARM Limited、およびその子会社の登録商標です。
●Windows は、米国またはその他の国における、米国 Microsoft Corporation の登録商標です。
●各製品名は登録商標または商標ですが、®および TM は省略しています。

第1章

ハード編

この章では、「GR-PEACH」の概要と、それに搭載されているCPU「RZ/A1H」の特徴、どのような機能が搭載されているのかを紹介します。

1-1　「GR-PEACH」について

■「GR-PEACH」とは

「GR-PEACH」(ジーアール・ピーチ)は、半導体メーカー「ルネサス・エレクトロニクス」社製のCPU、「RZ/A1H」(ARM Cortex-A9コア採用)を搭載し、「Arduino互換」の拡張コネクタをもつ、「Cortex-A9コア mbed対応ボード」です。

図1-1-1　GR-PEACH-FULL

■ 何ができるのか

IoTデバイス開発プラットフォームの「mbed」(エンベッド)※に対応しているので、インターネット接続ができて、Webブラウザが使えるデバイス(PCやタブレット、スマートフォンなど)があれば、どこでもソフトの開発ができます。

また、専用の「デバッグ・ツール」を用意する必要もありません。

「GR-PEACH」と「PC」などの開発デバイスをUSBでつないで、コンパイルしたファイルをコピーするだけで、作ったソフトを「GR-PEACH」側に書き込むことが可能です。

※ARM社が開発したプロトタイピング用のマイコンボードと、その開発環境の総称。

このほかにも、「Arduino互換拡張コネクタ」と「GR-SAKURA互換拡張コネクタ」を

第1章 ハード編

もつことで、それぞれの資産を流用できたり、「**RZ/A1H**」の多種多様なインターフェイスが利用できるなどの特徴もあります。

■「GR-PEACH」の特徴

「GR-PEACH」は前述の通り、「ルネサス・エレクトロニクス」の「**RZ/A1H**」という、「ARM Cortex-A9コア」を採用した高性能なCPUを利用しています。

mbedボードは「ARM Cortex-M系コア」が主流となっていますが、「GR-PEACH」は世界ではじめて「ARM Cortex-A9コア」を採用したmbedボードになります。

「ARM Cortex-A9コア」は、「ARM Cortex-M系コア」のような、いわゆる「マイコン」と呼ばれるCPUとは一線を画し、多機能かつ高機能で、タブレットやスマートフォンなどで扱われる「アプリケーション・プロセッサ」の部類に属しています。

「アプリケーション・プロセッサ」は、「画像」や「音声」など、マルチメディアに関する有用な機能を簡単に扱うことができます。

また、名刺大の小さな基板に、「有線LANコネクタ」「USBコネクタ」「MicroSDカードスロット」「XBeeコネクタ」「専用無線LANモジュールコネクタ※」「Arduino互換/GR-SAKURA互換/GR-PEACH専用拡張コネクタ」が搭載されています(または、追加できます)。

さらに、ソフト格納用として、高速アクセス可能な「SPIマルチI/Oインターフェイス」接続の大容量SerialFLASH ROM (8MB)を搭載しているので、たいていのことは拡張機器を追加することなく対応可能です。

> ※「専用無線LANモジュールコネクタ」は、「有線LANコネクタ」とは排他使用になっています。

■ 2種類の「GR-PEACH」

「GR-PEACH」には、「GR-PEACH-NORMAL」と「GR-PEACH-FULL」の2種類があります。

違いは、「有線LANコネクタ」と「両側拡張ピンソケット」の有無です。

「GR-PEACH-FULL」の価格が約1万円なのに対して、「GR-PEACH-NORMAL」の価格は、コネクタがないぶん約9千円と安価になっています。

図1-1-2 「NORMAL」(左)と「FULL」(右)の違い

[1-1] 「GR-PEACH」について

> ※無線LANモジュール「**BP3595**」を利用する場合は、有線LANコネクタがない「GR-PEACH-NORMAL」を使ってください。
> またコア社製の「7インチLCDシールド」「4.3インチLCDシールド」を利用する場合は、本ボードの下側にスタックするので、「GR-PEACH-NORMAL」+「足長ピンソケット」または「ピンヘッダ」の構成が必要になります。

■「GR-PEACH-FULL」の構造

では、「GR-PEACH-FULL」を例に、主な搭載部品を見ていきましょう。

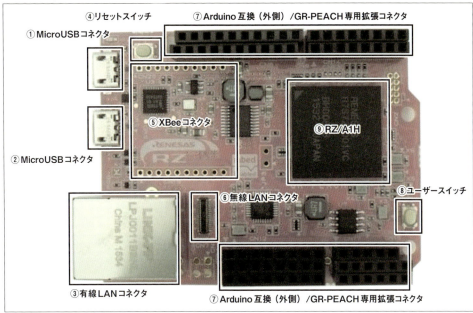

図1-1-3　GR-PEACH-FULL（表面）

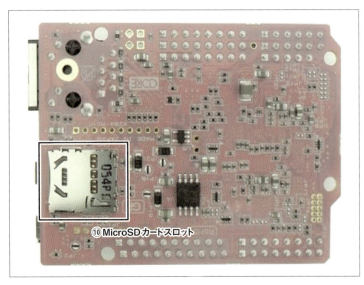

図1-1-4　GR-PEACH-FULL（裏面）

第1章 ハード編

① MicroUSBコネクタ(ソフト書き込み)

PCなどの開発デバイスと接続するためのコネクタで、作ったソフトを「GR-PEACH」に書き込むときに利用します。

「GR-PEACH」は、開発デバイス上では「USBメモリ」のように扱われます。

② MicroUSBコネクタ(RZ/A1H Ch.0接続)

「RZ/A1H」につながる「USB2.0」コネクタ。

ソフトから「Host/Function」を切り替えできます。

③ 有線LAN RJ45コネクタ

「10BASE-T/100BASE-T」対応のLANコネクタ。

④ リセットスイッチ

「GR-PEACH」にリセットをかけるスイッチ。

⑤ XBeeコネクタ

短距離無線通信規格「XBee」対応の無線モジュールを接続するコネクタ。

> ※コネクタは未実装なので、利用する場合は対応するソケットを別途購入する必要があります。
> ソケットを使わずに直接モジュールを実装することも可能ですが、その場合は、「GR-PEACH」本体に実装されている部品と、利用する「XBee無線モジュール」との干渉に注意してください。

⑥ 無線LANコネクタ

アンテナ内蔵型無線LANモジュールの「BP3595」スタック用コネクタ。

「USB2.0/UART」接続の高速無線通信が可能です。

> ※「**BP3595**」は、有線LANコネクタと排他利用になります。
> 「GR-PEACH-FULL」では標準で「LANコネクタ」が実装されているので本モジュールは使えません。利用の際は、「GR-PEACH-NORMAL」を使ってください。

⑦「Arduino & GR-SAKURA互換/GR-PEACH専用」拡張コネクタ

「Arduino対応シールド」「GR-SAKURA対応シールド」や、後述する「GR-PEACH専用シールド」を取り付けて機能を拡張できます。

> ※「GR-PEACH-NORMAL」の場合、本コネクタ(ピンソケット)は未実装になっています。
> 利用するシールドなどを考慮し、適したコネクタを実装して使ってください。

⑧ ユーザースイッチ

ユーザーがプログラムで読み出せるスイッチ。

⑨ RZ/A1H

「ARM Cortex-A9コア」をもつ32bitの高速CPU(詳細は後述)。

[1-1] 「GR-PEACH」について

⑩ **MicroSDカードスロット**
「MicroSDカード」を挿入して、読み書きを行ないます。

■ 「RZ/A1H」の特徴

以下に、「RZ/A1H」がもつ特徴を挙げておきます。

- 最大動作周波数400MHz駆動の「ARM Cortex-A9コア」を採用(GR-PEACHは400MHzで動作)。
- 最大400MHzで動く、命令32KByte/データ32KByteの「L1キャッシュ」内蔵。
- 133MHzで動く、128KByteの「L2キャッシュ」内蔵。
- 「映像表示/録画」「ワーク領域」用の、10MByteの「大容量RAM」を内蔵。
- 外部メモリ(8bit/16bit/32bit)が使用可能な「バスステート・コントローラ」(GR-PEACHでは使用不可)。
- 8チャネルの「FIFO内蔵シリアル・コミュニケーション・インターフェイス」。
- 2チャネルの「シリアル・コミュニケーション・インターフェイス」(GR-PEACHは「Ch.0」のみ使用可能)。
- 5チャネルの「ルネサスシリアル・ペリフェラル・インターフェイス」(GR-PEACHはCh.0~3の4チャネルが使用可能)。
- 2チャネルの「SPIマルチI/Oバスコントローラ」(GR-PEACHは「Ch.0」はシステム用SerialFLASH(8MByte)で使っており、「Ch.1」のみ使用可能)。
- 4チャネルの「I^{2}Cバス・インターフェイス」(GR-PEACHはCh.0/1/3の3チャネルが使用可能)。
- 6チャネルの「シリアルサウンド・インターフェイス」(GR-PEACHは「Ch.0~3/5」の5チャネルが使用可能)。
- MediaLB Ver2.0準拠メディア・ローカル・バス。
- サンプリングレート変換/デジタルボリューム&ミュート/ミキサ機能。
- 5チャネルの「CANインターフェイス」(GR-PEACHはCh.1~2の2チャネルが使用可能)。
- IEBusプロトコル準拠IEBusコントローラ。
- IEC60958規格適合SPDIFインターフェイス(IN/OUT)。
- CD-ROMデコーダ内蔵。
- 2チャネルの「LINインターフェイス」(GR-PEACHはCh.0の1チャネルが使用可能)。
- IEEE802.3のMAC層規格準拠「10/100BASE-Tイーサネット・コントローラ」。
- IEEE802.3のMAC層規格準拠「EthernetAVB」(GR-PEACHでは使用不可)。

第1章 ハード編

- NANDフラッシュメモリ・コントローラ。
- 2チャネルの「USB2.0ホスト/ファンクション・モジュール」(GR-PEACHでは、Ch.0はMicroUSBコネクタ、Ch.1はGR-IF拡張端子に割り当て)。
- 2チャネルの「デジタルビデオ・デコーダ」。
- 2チャネルの最大解像度WXGA (1280x768)の「ビデオディスプレイ・コントローラ5」(GR-PEACHはCh.0の1チャネルが使用可能)。
- 2チャネルの「ダイナミックレンジ・コンプレッション」。
- 2チャネルの「歪み補正エンジン」(IMR-LS2)。
- 表示用「歪み補正エンジン」(IMR-LSD)。
- 2チャネルの「ディスプレイアウト・コンペア・ユニット」。
- OpenVG用「ルネサス・グラフィックプロセッサ」内蔵。
- 「JPEGコーデックユニット」内蔵。
- 最大解像度2560×1920の「キャプチャエンジン・ユニット」。
- 2チャネルの「ピクセルフォーマット・コンバータ」。
- 4チャネルの「サウンドジェネレータ」(GR-PEACHはCh.1/3の2チャネルが使用可能)。
- 2チャネルの「SDホスト・インターフェイス」(GR-PEACHはCh.0の1チャネルが使用可能)。
- 「MMCホスト・インターフェイス」(「SDホスト・インターフェイス」と排他利用)。
- 8チャネルの「12bit分解能A/D変換器」(GR-PEACHはCh.0〜5/7の7チャネルが使用可能)。

1-2 「GR-PEACH」の機能

次に、「GR-PEACH」がもつ機能を見ていきましょう。

■LED/スイッチ

「GR-PEACH」には、「電源LED (緑)」「フルカラーLED」「ユーザーLED (赤)」の3種類のLEDと、「リセットスイッチ」「ユーザースイッチ」の2種類のタクトスイッチが実装されています。

LED、スイッチの各機能のピンアサイン(ピン割り当て)は、図1-2-1のようになります。

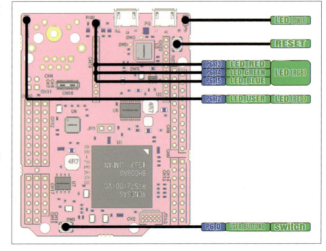

図1-2-1 「LED/スイッチ」信号のピンアサイン図

[1-2] 「GR-PEACH」の機能

> ※各LEDは、通常の「GPIOポート」にアサインされているので、**RZ/A1H**がもつ「PWM」の機能での調光はできません。調光が必要な場合は「ソフトウェアPWM」を利用してください。
> また、「電源LED」はコントロールできません。

■ MicroSDカードスロット

「GR-PEACH」の裏面には、「MicroSDカード」を挿入して読み書きができるカードスロットが実装されています。

「MicroSDカードスロット」のピンアサインは、**図1-2-2**のようになります。

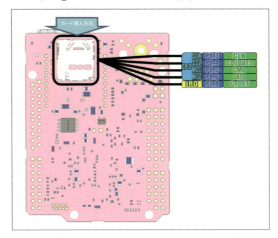

図1-2-2　「MicroSDカードスロット」のピンアサイン図

■ Arduino互換ピン端子

「GR-PEACH」には、基板両端に「Arduino互換のピン端子」が用意されています。

ここに「Arduino対応シールド」を接続することで、「Arduino」の資産が流用でき、「GR-PEACH」の使い方をさらに広げることが可能です。

「Arduino互換ピン端子」のピンアサインは、**図1-2-3**、**図1-2-4**になります。

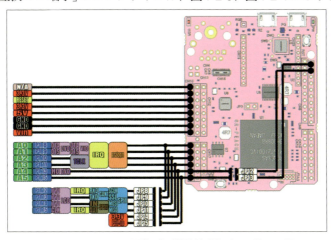

図1-2-3　Arduino互換ピン端子(左側)ピンアサイン図

第1章 ハード編

※「Arduino互換」をうたっていますが、「**RZ/A1H**」にない機能もあります。「Arduino完全互換」ではないので、Arduino用のシールドを使う場合は注意してください。
※「GR-PEACH」は「5V信号」には対応していません。ボードの故障につながるため、「5V」で動くシールドなどを利用する際は、信号電圧に注意してください。

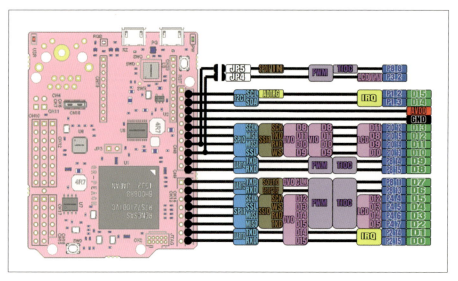

図1-2-4 「Arduino互換ピン端子」(右側)のピンアサイン図

※「GR-PEACH-FULL」には「ピンソケット」が実装されていますが、「GR-PEACH-NORMAL」には「ピンソケット」が実装されていません。
「GR-PEACH-NORMAL」でシールドを利用する場合は、別途必要数の「ピンヘッダ」、または「ピンソケット」を購入し、実装してから利用してください。

■ GR-SAKURA互換/GR-PEACH専用拡張ピン(GR-IF)端子

「GR-PEACH」には、「Arduino互換ピン端子」の内側に、「GR-SAKURA互換/GR-PEACH専用拡張ピン端子」が用意されています。
「GR-SAKURA対応シールド」も接続でき、「**RZ/A1H**」がもつ多機能で高機能なインターフェイスを使えるピンがアサインされています。

「GR-SAKURA互換/GR-PEACH専用拡張ピン端子」のピンアサインは、図1-2-5になります。

[1-2] 「GR-PEACH」の機能

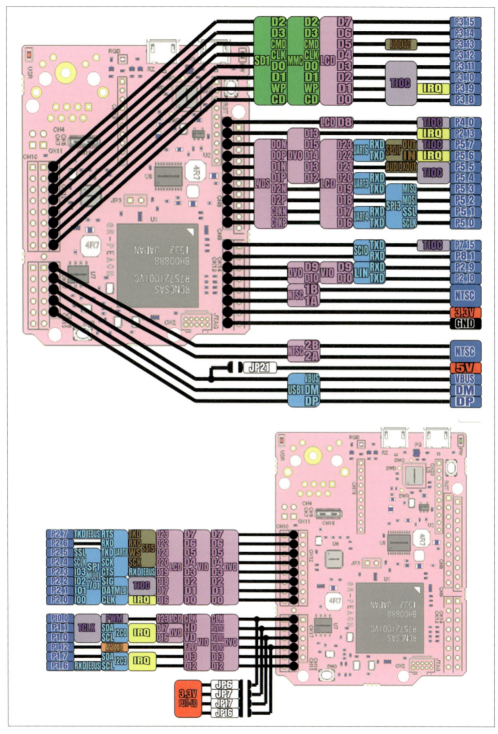

図1-2-5 「GR-SAKURA互換/GR-PEACH専用拡張ピン端子」のピンアサイン図

第1章 ハード編

■ XBeeモジュール対応コネクタ

「GR-PEACH」には、「XBee」形状の無線モジュールを搭載できるピン端子を搭載しており、手軽に無線通信を行なうことが可能です。

「XBeeモジュール対応コネクタ」のピンアサインは、図1-2-6になります。

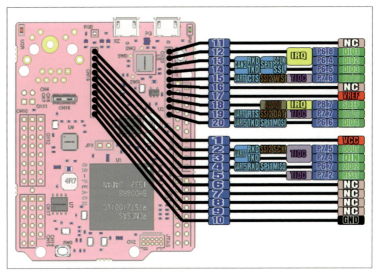

図1-2-6　「XBeeモジュール対応コネクタ」のピンアサイン図

※「XBeeモジュール」用のピンソケットは、「GR-PEACH-NORMAL」「GR-PEACH-FULL」のどちらにも実装されていません。ピンソケットを利用する場合は、別途購入し、実装してください。
　ピンソケットを介さずに直接実装することも可能ですが、その場合は、「GR-PEACH」本体上の実装部品と利用する「XBeeモジュール」が干渉しないか、充分に確認してください。

■ 専用無線LANモジュールコネクタ

「GR-PEACH」には、「USB2.0」接続の高速Wi-Fi無線通信が可能な「BP3595」を搭載できるコネクタが実装されています。

これによって複雑な接続作業を行なうことなく、ボード上にスタックできます。

図1-2-7　ROHM BP3595

[1-2] 「GR-PEACH」の機能

「専用無線LANモジュールコネクタ」(BP3595用スタックコネクタ)のピンアサインは、図1-2-8になります。

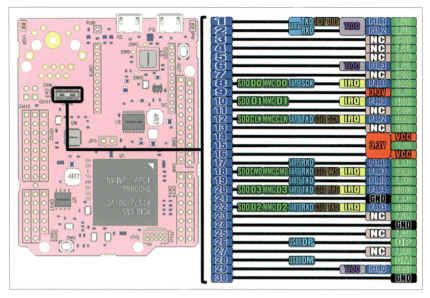

図1-2-8 「専用無線LANモジュールコネクタ」のピンアサイン図

※「**BP3595**」は有線LANの「RJ45コネクタ」と排他利用になります。「RJ45コネクタ」が実装されている場合は利用できないので、注意してください。
　また、本モジュールを使う場合は「**BP3595**」用に、「**RZ/A1H**」の「VBUSピン」に5Vを入力する必要があります。
　図**1-2-9**にある「JP21」を、半田ショートしてください。

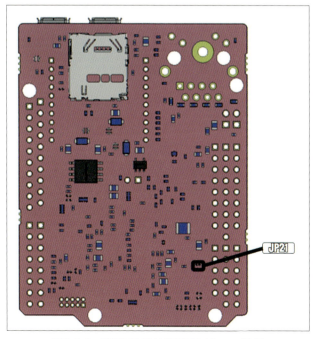

図1-2-9 「VBUS 5V」供給用のジャンパ配置

17

第1章 ハード編

■「GR-PEACH」本体上の「ショート・ジャンパ」について

「GR-PEACH」には、ボード単体でいろいろな切り替えができる「半田ショート・ジャンパ」が用意されております。

この「ショート・ジャンパ」を半田でショートすることで、機能の切り替えが可能になります。

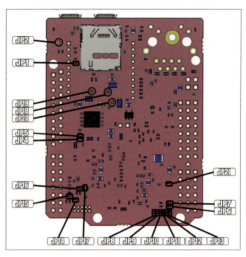

図1-2-10 「ショート・ジャンパ」の配置図

・JP1

「GR-PEACH」を「mbed」として使わない場合、ここをショートすると「リセットスイッチ」の信号が「**RZ/A1H**」に直接入ります。

・JP2

「GR-PEACH」のファームウェアを書き換えるときに使います。

ここをショートしながら電源を投入すると、「ファームウェア書き換え」のモードで立ち上がります。

・JP4

Arduino互換ピン「D10」を、「PWM」で使いたいときにショートします。

「P3_2」が「D10」ピンにつながり、「PWM」の機能が使えるようになります。

・JP5

Arduino互換ピン「D11」を「PWM」で使いたいときにショートします。

「P8_8」が「D11」ピンにつながり、「PWM」の機能が使えるようになります。

・JP6/JP7

ショートすることで、「I^{2}C0」の信号線の「Pull-Up抵抗」が有効になります(Pull-Up抵抗値は2.7kΩ)。

[1-2]　「GR-PEACH」の機能

・JP8～JP11

　Arduino互換ピン「A0～A5」は、「RZ/A1H」の機能の関係上、入力専用になっていますが、ここをショートすると「P11_12」「P11_13」「P11_14」「P11_15」がそれぞれつながり、入出力の機能が使えるようになります。

・JP12/JP13

　Arduino用シールドによって、「A4」「A5」が「I^{2}Cインターフェイス」にアサインされている製品があります。

　「A4」「A5」を「I^{2}Cインターフェイス」として利用したい場合、ここをショートすると「I^{2}C1インターフェイス」として使うことができます（Arduino互換ピン「D14」「D15」につながるので注意してください）。

・JP14/JP15

　ショートすることで、「I^{2}C1」の信号線の「Pull-Up抵抗」が有効になります（Pull-Up抵抗値は2.7kΩ）。

・JP16/JP17

　ショートすることで「I^{2}C3」の信号線の「Pull-Up抵抗」が有効になります（Pull-Up抵抗値は2.7kΩ）。

・JP18/JP19/JP20

　「GR-PEACH」の電源は、「Vin（+5.5～+16V）」「MicroUSB（mbed-IF/+5V）」「MicroUSB（RZ/A1H/+5V）」の3系統の入力が可能です。

　3系統から入力された電源のショート防止のために、各電源ラインにダイオードが入っており、このダイオードで「0.4V」程度の電圧低下が発生します。

　電圧低下を避けたい場合は、各ジャンパを半田でショートしてください。

JP18 → MicroUSB内側（RZ/A1H側）からの電圧低下がなくなります。
JP19 → MicroUSB外側（mbed側）からの電圧低下がなくなります。
JP20 → Arduino互換ピン「Vin」からの電圧低下がなくなります。

※ショート防止のダイオードを無効にするので、使い方によってはボードの故障につながります。
　このジャンパをショートする場合は、入力電源のショートがないように充分注意してください。

・JP21

　ROHM社製無線LANモジュール「BP3595」を使う場合、ここをショートしてください。「RZ/A1H」の「VBUS」に、「5V」が供給されます。

第1章 ハード編

1-3 「オプション・ボード」について

「GR-PEACH」には、「RZ/A1H」がもつ多種多様なインターフェイスを活用できるように、専用のオプションボードである「シールド」が用意されています。

以降で、「GR-PEACH専用シールド」をいくつか紹介します。

■ GR-PEACH「AUDIO CAMERA Shield」

ハイレゾ対応「Audio CODEC TLV320AIC23B」を使ったオーディオの入出力、「アナログ映像」(NTSC)や「デジタル映像」を取り込めるジャックとコネクタを搭載するシールドです。

USBメモリなどが使用可能な「USB TypeAコネクタ」も搭載しています。

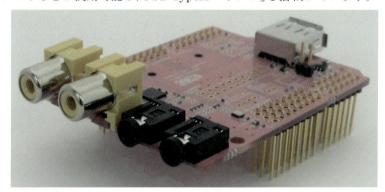

図1-3-1　AUDIO CAMERA Shield

※「足長ピンヘッダ」は実装されておらず、付属品として同梱しています。使用環境を考慮してピンソケットやピンヘッダを実装してください。

図1-3-2　「AUDIO CAMERA Shield」使用例

※「カメラモジュール」は、別途購入する必要があります。

[1-3] 「オプション・ボード」について

■ GR-PEACH「LCD Shield」

2点静電容量式タッチパネル付きの「7インチ液晶」が使えるシールドです。
また、「RCAジャック」が2個付いており、「NTSC映像入力」も可能です。
付属LCD以外を使えるように、拡張コネクタに「デジタルRGB信号」も出しています。
このほか、「デジタル映像入力信号」も拡張ピンで用意しています。

取り付けの際は、上にスタックできるだけでなく、横にもスタックできるように拡張コネクタを2列実装しています。

図1-3-3　LCD Shield(左:液晶側、右:スタック側)

※USBバスパワーでは電源供給が厳しいため、「ACアダプタ」が付属しています。
　本シールドを利用する場合は、この「ACアダプタ」を使うか、「GR-PEACH」の「Vin」端子から電源を供給してください。

図1-3-4　「LCD Shield」使用例

※本ボードの「GR-PEACH/シールドスタック」コネクタはどちらに挿しても使えるので、用途によってスタックする場所を変えることが可能です。
　また、本シールドを利用するには、「GR-PEACH-NORMAL」+「足長ピンソケット」または「ピンヘッダ」の組み合せが必須になるので、注意してください。

第1章 ハード編

■ GR-PEACH「4.3inch LCD Shield」

2点静電容量式タッチパネル付きの「4.3インチ液晶」が使えるシールドです。

付属LCD以外を使えるように、拡張コネクタに「デジタルRGB信号」「デジタル映像入力信号」も拡張ピンとして用意しています。

 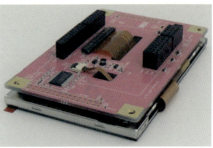

図1-3-5　4.3inch LCD Shield（左：液晶側、右：スタック側）

図1-3-6　「4.3inch LCD Shield」使用例

※本シールドを使うには、「GR-PEACH-NORMAL」＋「足長ピンソケット」または「ピンヘッダ」の組み合わせが必須になるので、注意してください。

第2章

ソフト編

この章では、まず「mbed」とはどのようなものか、その開発環境について見ていきます。
次に、「GR-PEACH」のスタートアップの手順について触れたあと、実際に「GR-PEACH」を動かしていきます。
後半では応用として、「GR-PEACH専用シールド」の使い方を解説します。

2-1 「mbed」について

■「mbed」とは

「mbed」(エンベッド)は、英ARM社が提供しているIoTデバイスの開発プラットフォームです。

「ARMプロセッサコア」を使った開発ボードと、その開発環境、再利用可能なライブラリ、Webサービスを含んだ全体を提供しています。

これによって、IoTデバイスの開発や、製品の高速なプロトタイピングが可能になります。

2009年にベータ版のWebサービス(https://developer.mbed.org/)が開始されたときは、NXP社の「Cortex-M3」を使ったマイコンボードのみが登録されていましたが、現在では9社の半導体ベンダーから95種類のボードに広がっています。

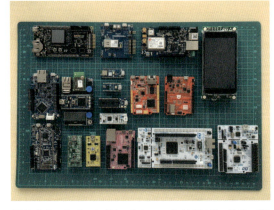

図2-1-1 「mbedプラットフォーム」対応ボードの一部

第2章 ソフト編

●「mbedプラットフォーム」としての「GR-PEACH」

「GR-PEACH」は、上記のWebサービスに「Cortex-A」を使ったはじめての「mbedプラットフォーム」として登録されました。

「Cortex-A9」がもつパワフルな演算性能と大容量のメモリを活用した、さまざまな応用例が公開されており、その応用例をそのまま再利用したり、自由に改変して使うことが可能になっています。

また、「RTOS」（リアルタイムOS）として、「CMSIS-RTOS RTX」（従来は、Cortex-M専用）をベースにした「GR-PEACH用mbed-rtosライブラリ」も用意されているので、すでに公開ずみのサンプルコードを活かしつつ、効率の良いリソースの利用が可能です。

■「mbed」の開発環境

「mbed開発者向けのWebサイト」（https://developer.mbed.org/）には、オンラインで使える開発環境が用意されています。

用意されている機能などについて、簡単に見ていきましょう。

図2-1-2　mbedの開発サイト

※本章で掲載している「mbedの開発サイト」のコンテンツの図（スクリーンショット）は、2016年6月時点のもので、今後変更される可能性があります。

●オンライン・コンパイラ

「オンライン・コンパイラ」は、コードを記述するための「エディタ」（後述）とあわせて、「Webサービス」として提供されており、「インターネット接続」と「Webブラウザ」さえあれば、いつでもどこでも開発できます。

そのため、ホストOSを選ばず、「Windows」「Mac」「Linux」のどの環境からでも利用できます。また、自分のパソコンにインストールする必要もありません。

＊

「オンライン・コンパイラ」には、組み込み用途向けに最適化されたARM純正のもの（ARM Compiler version 5）が使われており、高効率で実行スピードの速いコードを生成できます。

「mbed」の開発環境として無償で提供されていますが、コードサイズなどの制約は特にありません。

※「オンライン・コンパイラ」のメニューはローカライズされていて、英語（USまたはUK）、日本語、中国語（簡体字）を切り替えることができます。

[2-1] 「mbed」について

●エディタ

　コードを作る場合は、Webブラウザ上で動作する「エディタ」を使います。
　この「エディタ」は、「C/C++」のキーワードを色別に表示でき、コードの自動成形機能やマーキング機能、シンボルの定義位置にジャンプする機能などが搭載されており、効率的な開発が可能です。
　また、日本語で「コメント」を記述することも可能です。

●プログラムの公開

　「mbed」開発者向けのWebサイト（https://developer.mbed.org/）は、「ユーザー登録」を行なうことで誰でも無償で利用でき、公開されているプログラムを使ったり、自分が作ったコードを公開することができます。
　また、1つの開発プログラムを複数の開発者で共有することも可能です（コラボレーション開発）。

　「オンライン・コンパイラ」上で作ったコードは、そのコードのファイルを右クリックして表示されるメニューから「Publish」を選ぶことで、はじめて公開されます（デフォルト設定では他のユーザーには公開されません）。
　また、同じメニューから「commit」を選択すると、その時点でのコードの状態を記録することができ、いつでもその状態に戻すことが可能です。

●ヘルプ

　「オンライン・コンパイラ」の左側にある「ヘルプ」ボタンをクリックすると、さまざまな機能の内容を知ることができます。
　「mbed」の開発環境は、シンプルに見えますが、多機能なので、困った場合は「ヘルプ」機能を使うようにしましょう。

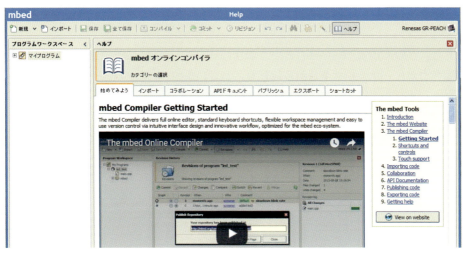

図2-1-3　「オンライン・コンパイラ」のヘルプ

第2章 ソフト編

■開発サイトの中を見てみよう

「mbedの開発サイト」では、ほかにもプラットフォームを活用するためのさまざまな情報を一元化して提供しています。

たとえば、他の開発者が作ったライブラリを自分の「オンライン・コンパイラ」にインポート(コピー)して使うことができるほか、さまざまな用途向けのサンプルコードが多数公開されています。

●Platforms(https://developer.mbed.org/platforms/)

「Platforms」ページは、ターゲットボード(開発対象のボード)のピンアウト情報、回路図、データシートへのリンクなどが掲載されています。

自分のアカウントの「オンライン・コンパイラ」にボードを登録するときも、このページから行ないます。

●Component(https://developer.mbed.org/components/)

「Component」ページでは、通信や表示用のモジュール、各種センサ用のライブラリが多数公開されており、mbed対応ボードと組み合わせることで動作の確認ができます。

ほとんどの場合、ライブラリ単体だけではなく、ボードとコンポーネントの接続方法やライブラリを使うためのサンプルコードも登録されているので、短時間で実際に動作する環境を構築できるでしょう。

●ドキュメント(https://developer.mbed.org/handbook/)

「mbed」のオンラインでは、「デジタル入出力」や「タイマ」などを使うための基本的な「API」が準備されています。

「Handbook」ページには、各種APIの説明やサンプルへのリンクが含まれています。

また、「Cookbook」や「Code」という項目には、電子部品を提供するベンダーや個人の開発者が作ったライブラリが多数登録されています。

●質問と議論

「Questions」や「Forums」では、不明な点を質問したり、さまざまな話題について議論することができます。

基本的には英語でのやり取りになりますが、「日本語フォーラム」が用意されているので、英語が苦手な方でも質問や議論に参加できます。

また「日本語フォーラム」では、このほかに「書籍」や「イベント情報」のトピックもあります。

<日本語フォーラム>

https://developer.mbed.org/forum/ja/

[2-2] 「GR-PEACH」を動かしてみる

　「mbed」はオープンな開発コミュニティです。*

　質問に対する回答は、ARMのmbedチームや半導体ベンダーから回答されることもありますが、一般の開発者からも活発に発言があります。何か不明なことがあったら「Questions」や「Forum」に投稿してみましょう。

2-2　「GR-PEACH」を動かしてみる

　では、「GR-PEACH」のスタートアップの手順を説明しながら、実際に「GR-PEACH」を動かしてみましょう。

■セットアップ

[1]「mbedの開発サイト」にログイン

　はじめに、使っている「PC」と「GR-PEACH」をUSBケーブル（A-microB）で接続します。

　「GR-PEACH」側のUSB接続口は、図2-2-1の部分です（図1-1-3　①MicroUSB コネクタの部分）。

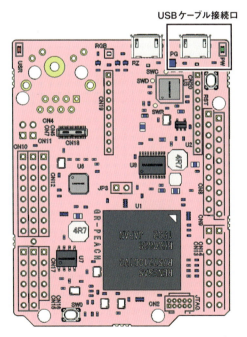

図2-2-1　GR-PEACH側のUSBケーブル接続口

　「PC」と「GR-PEACH」を接続すると、「MBED」というドライブが立ち上がります。

　このドライブの中にある「MBED.HTM」ファイルをダブルクリックすると、「mbedの開発サイト」のログインページが表示されます。

　ログインページが表示されたら、「Signup」をクリックして、ユーザー・アカウント

のサインアップを行なってください。

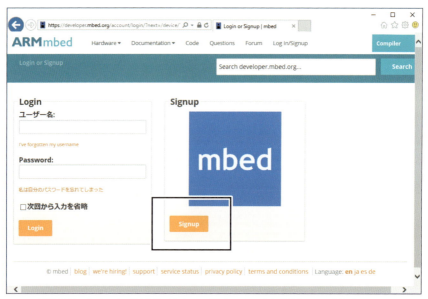

図2-2-2　「mbedの開発サイト」のログインページから「Signup」をクリック

[2]サインアップ

「Let's get started」というサインアップのページが開いたら、図2-2-3の(a)「No, I haven't created an account before」をクリックし、図2-2-3、図2-2-4の(b)〜(j)を記載して、ユーザー情報の登録を行ないます。

　ここで決めた「ユーザー名」は、「mbed」の開発コミュニティで表示される名称になります。

　記載が終わったら、(k)「Signup」をクリックします。

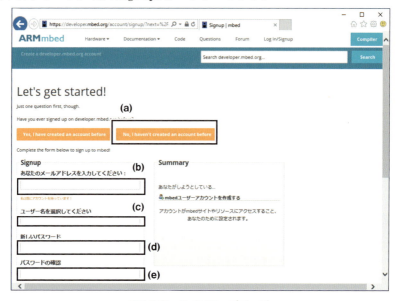

図2-2-3　サインアップページ

[2-2] 「GR-PEACH」を動かしてみる

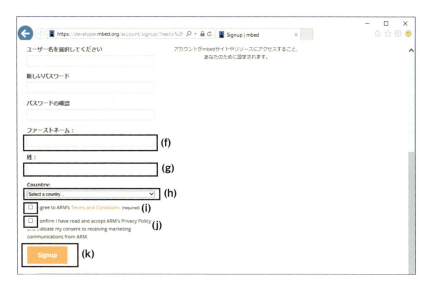

図2-2-4　サインアップページ(続き)

　一度サインアップを行なうと、次回からはこの作業は必要ありません。
　「mbedの開発サイト」のログインページで「ユーザー名」と「Password」を入力して、「次回から入力を省略」にチェックを入れて、「Login」をクリックしてログインします。

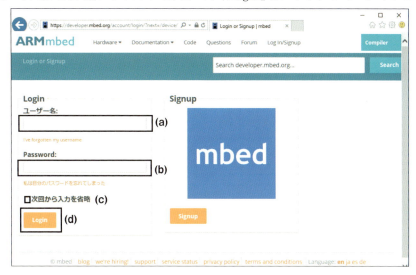

図2-2-5　「mbedの開発サイト」へのログインページ(login)

　すると、「GR-PEACH」のプラットフォームページが開きます。

第2章 ソフト編

図2-2-6 「GR-PEACH」のプラットフォームページ

[3]「USBシリアル通信ドライバ」のインストール

　Windows環境のPCを使っている場合は、「USBシリアル通信ドライバ」をインストールすることで、「デバッグ情報」などのメッセージをPCのターミナルソフトに出力できるようになります。

　詳細は、「mbedの開発サイト」内のページ（https://developer.mbed.org/handbook/SerialPC）を参照下さい。

　また、ターミナルソフトは以下のサイトからダウンロードできます。

https://developer.mbed.org/handbook/Terminals

＊

　「USBシリアル通信ドライバ」をインストールする際は、まず使っている「PC」と「GR-PEACH」をUSBケーブル（A-microB）で接続します。

　「MBED」という名前のドライブが立ち上がったら、サイトから「Download latest driver」をクリックして、「USBシリアル通信ドライバ」をダウンロードします。

https://developer.mbed.org/handbook/Windows-serial-configuration

[2-2] 「GR-PEACH」を動かしてみる

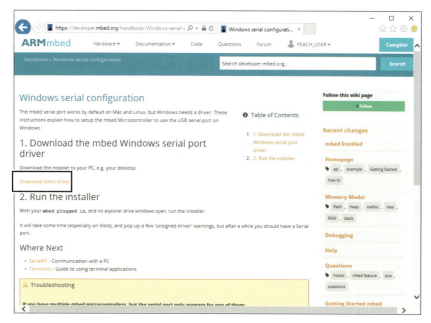

図2-2-7　USBシリアル通信ドライバのダウンロードページ

「USBシリアル通信ドライバ」のダウンロードが完了したら、PCの「デバイスマネージャ」を開いてください。

「ポート(COMとLPT)」の欄に、「mbed Serial Port」というCOMポートが追加されているので、COMポート番号を確認しておきましょう。

> ※この番号は、「USBシリアル・デバイス」の接続状況によってユーザーごとに値が異なります。

図2-2-8　「mbed Serial Port」のCOMポート番号

31

第2章 ソフト編

「mbed」の場合、シリアル通信のデフォルト値は表2-2-1のようになります。

ターミナルソフトを立ち上げて、先ほど確認した「COMポート番号」と「mbed用シリアル通信設定」に変更して利用してください。

表2-2-1 「mbed」のシリアル通信デフォルト値

項目	値
ポート番号	デバイスマネージャで確認したCOMポート番号
ボーレート	9600
データビット	8bits
パリティビット	none
ストップビット	1bit
フロー制御	none

■ 実際に動かしてみよう

それでは実際にプログラムをインポートしてビルドを行ない、プログラムを動かしてみましょう。

ここでは、「GR-PEACH」に搭載されている、「LEDチカチカ」(LEDのONとOFFの繰り返し)を行なうプログラムを使って説明していきます。

＊

まず、「mbed」のビルド方法について、簡単に説明します。

先述しましたが、「mbed」ではARM社が提供している「オンライン・コンパイラ」を使って、プログラムのビルドを行ないます。

「mbedの開発サイト」のページ右上に、「Compiler」ボタンがあります。

ログインした状態でこれをクリックすると、「オンライン・コンパイラ」のウィンドウが開きます。

図2-2-9 「オンライン・コンパイラ」を起動

[2-2] 「GR-PEACH」を動かしてみる

「mbed」における「プログラム」と「ライブラリ」は、次のように定義されています。

表2-2-2　「プログラム」と「ライブラリ」の定義

プログラム	「main.cpp」を含む、実行形式のプログラムを作るコード。
ライブラリ	プログラム内のフォルダで、単機能として切り取り可能なもの。中身は「コード」でも「ライブラリ形式」(.arファイル)でもかまわない。

「mbedの開発サイト」ではさまざまなプログラムが無料で公開されており、これらをインポートすることで、簡単にプログラムを作ることができます。

プログラムをインポートする方法は、①「オンライン・コンパイラ」上でインポート、②「mbedの開発サイト」内のプログラムページからインポート——の2通りがあります。

どちらの方法も出来上がるプログラムは同じなので、好きな方法でインポートしてください。

「オンライン・コンパイラ」上でビルドを行なうと、実行ファイル(.binファイル)が生成されます。

そして、この実行ファイルを「mbed」ドライブにドラッグ＆ドロップするだけで、「GR-PEACH」へ書き込むことができ、すぐにプログラムを動かすことが可能です。

＊

それでは、それぞれの方法でプログラムを「オンライン・コンパイラ」にインポートしてみましょう。

①「オンライン・コンパイラ」上でインポート

(a)「オンライン・コンパイラ」のページを開き、ページの上段にあるメニューの中から「インポート」をクリックします。

そして、(b)「プログラム」タグを選択し、(c)入力ボックスに「mbed blinky」を入力したあと、「検索」ボタンを押してください。

(d)これで一覧に「mbed blinky」が表示されるので、クリックしてマーキングしたあと、(e)「インポート！」ボタンをクリックします。

図2-2-10　「オンライン・コンパイラ」上でインポート

なお、インポートするプログラムはプログラム登録以降も更新されることがあるので、プログラムが登録された当時の環境のままをインポートしたい場合は、「Update all libraries to the latest version」にチェックを入れないでください。

最新のプログラムでインポートしたい場合は、「Update all libraries to the latest version」にチェックを入れてください。

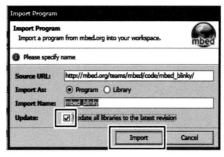

図2-2-11　アップデートチェック

②「mbed blinkyプログラムのページ」からインポート

「mbed blinky」プログラムのページを開き、ページの右上にある「Import this program」をクリックします。

図2-2-12　「mbed blinky」プログラムのページからインポート
(https://developer.mbed.org/teams/mbed/code/mbed_blinky/)

こちらも、インポートするプログラムは更新されていることがあるので、プログラムが登録された当時の環境のままをインポートしたい場合は、「Update all libraries to the latest version」にチェックを入れないでください。

最新のプログラムでインポートしたい場合は、「Update all libraries to the latest version」にチェックを入れてください。

＊

いずれかの方法でプログラムのインポートが終わったら、次は、プログラムのビルドを行ないます。

「オンライン・コンパイラ」上にプログラムをインポートすると、「マイプログラム」というディレクトリの下に、「mbed_blinky」というフォルダが作られるので、「オンライン・コンパイラ」ページの上段にあるメニューの中から、「コンパイル」をクリックします。

[2-2] 「GR-PEACH」を動かしてみる

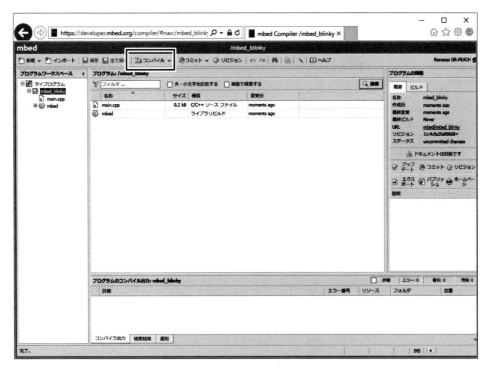

図2-2-13　コンパイル

　コンパイルしてビルドが完了すると、コンパイル画面の下にあるコンソール出力画面に"Success!"と表示され、実行ファイルがダウンロードされます。
　この実行ファイルを、「mbed」ドライブにドラッグ＆ドロップしてください。

図2-2-14　実行ファイルのダウンロード

> ※なお、コードに問題がある場合は、「コンソール出力画面」にエラーメッセージが出力されます。
> 　エラーが表示されている部分をダブルクリックすることで問題箇所にジャンプでき、原因となったコードの行がハイライト表示されます。

＊

　ここまでの作業が終わったら、最後にプログラムを動かします。
　「mbed」ドライブへのドラッグ＆ドロップが完了すると、「mbed」ドライブが再マウントされ、再度立ち上がります。

第2章 ソフト編

> ※この際、「mbed」ドライブから自動的に実行ファイル（.binファイル）が消えてしまいますが、「mbed」のダウンロードシステムの仕様によるもので、決して実行ファイルが削除されたわけではないので安心してください。

「GR-PEACH」のリセットボタン（図1-1-2 ④Reset Switch）を押してプログラムを動かすと、「GR-PEACH」のLEDが赤色に点滅しているのが確認できます。

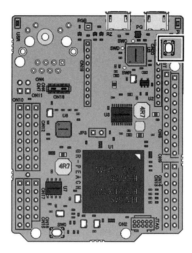

図2-2-15　「GR-PEACH」のリセットボタン

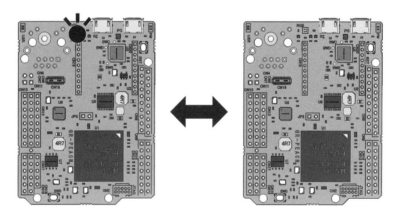

図2-2-16　「GR-PEACH」のLEDが赤色に点滅

●プログラムの仕組み

ここで、次の「mbed_blinky」プログラムの「main.cpp」のコードを使って、簡単にプログラムを説明します。

【リスト2-2-1】「mbed_blinky」プログラムの「main.cpp」

```
#include "mbed.h"

DigitalOut myled (LED1) ;
```

[2-2] 「GR-PEACH」を動かしてみる

↴
```
int main () {
    while (1) {
        myled = 1;
        wait (0.2) ;
        myled = 0;
        wait (0.2) ;
    }
}
```

*

1行目は「mbedライブラリ」を使うためのインクルード処理です。
必ず「main.cpp」の先頭で行なってください。
```
#include "mbed.h"
```

3行目はコンストラクタ部分で、今回は「LED1」を「デジタル出力」に設定する宣言処理です。

この処理によって、「LED1」にデジタル信号の「1」か「0」を設定でき、LEDを赤色に光らせたり消したりできます。

「myled」はこの宣言処理の名称であり、任意の名前に定義できます。
このコンストラクタの処理以降で、「myled」に値を代入してLEDの操作を行ないます。
C言語などで使う「変数」のように利用できます。
```
DigitalOut myled (LED1) ;
```

5行目以降がプログラムのメイン処理部分です。
「myled = 1」でLEDを光らせ、「wait (0.2)」で0.2秒待ちます。
そして「myled = 0」でLEDを消し、「wait (0.2)」で0.2秒待ちます。
これらの処理を「while(1)」で無限ループさせることで、「GR-PEACH」のLEDが赤色に点滅します。
```
int main () {
    while (1) {
        myled = 1;
        wait (0.2) ;
        myled = 0;
        wait (0.2) ;
    }
}
```

第2章 ソフト編

●ソースコードを変更する方法

　それでは、作ったプログラム(LEDチカチカ)のソースコードを変更して、先ほどとは異なる色でLEDをチカチカさせてみましょう。

＊

　まず、「オンライン・コンパイラ」上で「main.cpp」をクリックします。

　すると、「main.cpp」のコードが表示されるので、**3行目のコード**を以下のように変更してください。

【リスト2-2-2】変更前のプログラム

```
DigitalOut myled (LED1) ;
```

【リスト2-2-3】変更後のプログラム

```
DigitalOut myled (LED2) ;
```

　コードを変更したら、「オンライン・コンパイラ」ページの上段にあるメニューの中から、「保存」または「全て保存」をクリックします。

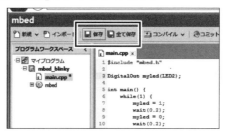

図2-2-17　変更したファイルの保存

　これで変更したコードが保存されます。

　プログラムのビルド以降は、先ほどと同じ手順になります。

＊

　実行ファイルを「GR-PEACH」に書き込み、リセットボタンを押してプログラムを動かすと、LEDが緑色に点滅するのが確認できます。

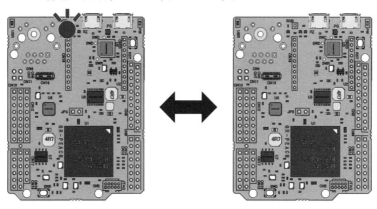

図2-2-18　「GR-PEACH」のLEDが緑色に点滅

[2-2] 「GR-PEACH」を動かしてみる

●ターミナルソフトに情報出力する方法

次に、作ったプログラム(LEDチカチカ)のソースコードを変更して、LEDをチカチカさせるたびにターミナルソフトにメッセージを出力してみましょう。

*

先ほどと同様に、「オンライン・コンパイラ」上で「main.cpp」をクリックします。コードが表示されたら、7行目と8行目の間に以下のコードを追加します。

【リスト2-2-4】追加するコード①

```
printf ("LED ON¥n");
```

また、9行目と10行目の間に以下のコードを追加します。

【リスト2-2-5】追加するコード②

```
printf ("LED OFF¥n");
```

> ※mbedの環境では、「改行コード」(¥n)が入るまで「printf」は表示されません。必ず最後に「改行コード」を入れてください。

2つのコードを追加したら、先ほどと同様にプログラムの保存とビルドを行ないます。

実行ファイルを「GR-PEACH」に書き込んだあと、ターミナルソフトを立ち上げて、mbed用の設定を行ないます。

そのあと、「GR-PEACH」のリセットボタンを押してプログラムを動かすと、LEDの点滅に合わせて、ターミナルソフトに"LED ON"と"LED OFF"が交互に表示されるのが確認できます。

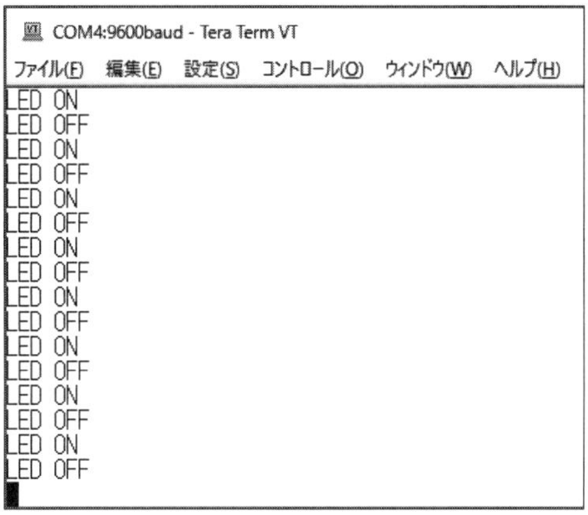

図2-2-19 "LED ON"と"LED OFF"が交互に表示

■「A/Dコンバータ」を使ってみよう

以下の「AnalogInサンプル・プログラム」のページを開き、「A/Dコンバータ」を使ってみましょう。

https://developer.mbed.org/teams/mbed/code/AnalogIn-HelloWorld/

第2章 ソフト編

「GR-PEACH」のリセットボタンを押してプログラムを動かすと、ターミナルソフト上に "percentage: XX.XXX%" と "normalized: 0xXXXX" というメッセージが表示されます。

これは、「GR-PEACH」の「A0端子」(図1-2-3参照)から読み取った値の「パーセンテージ」(0〜100％)と「16ビットで正規化した値」(0x0000〜0xFFFF)を表わしています。

たとえば、「A0端子」を「VDD」につなぐと "percentage: 100.000%" と "normalized: 0xFFFF" という値が出力され、「GND」につなぐと "percentage: 0.000%" と "normalized: 0x0000" という値が出力されます。

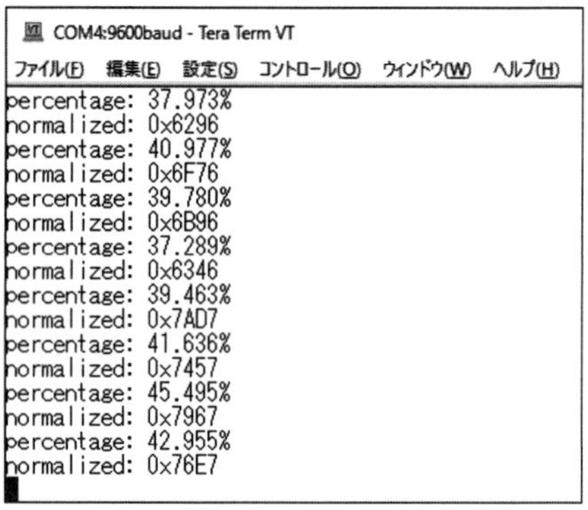

図2-2-20 アナログ・インの値が表示

■「シリアル通信」を使ってみよう

以下の「Serialサンプル・プログラム」のページを開き、「シリアル通信」を使ってみましょう。

https://developer.mbed.org/teams/mbed_example/code/Serial_HelloWorld/

「GR-PEACH」のリセットボタンを押してプログラムを動かすと、ターミナルソフト上に "Hello World!" というメッセージが表示されます。

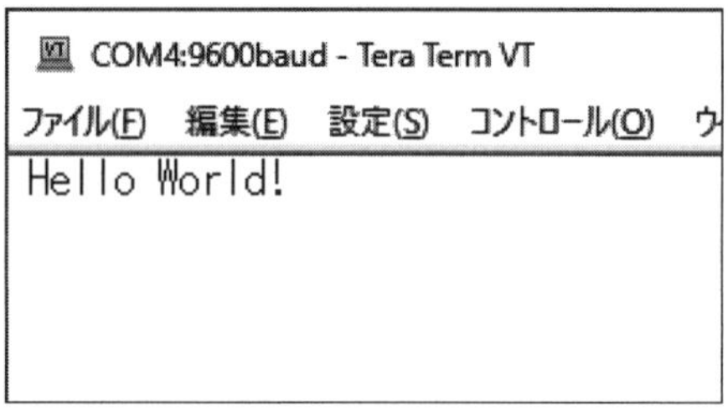

図2-2-21 "Hello World!" というメッセージが表示

また、キーボードで何か入力すると、入力した文字コードに対して「+1」した文字コードが表示されるのが確認できます。

たとえば、「1」と入力すると「2」が表示され、「a」と入力すると「b」が表示されます。

[2-2] 「GR-PEACH」を動かしてみる

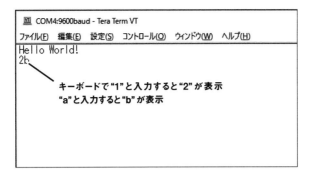

図2-2-22 「入力した文字コード+1」の文字コードが表示

■「I²C通信」を使ってみよう

以下の「I²C（Inter-Integrated Circuit）サンプル・プログラム」のページを開き、「I²C」を使ってみましょう。

https://developer.mbed.org/teams/mbed_example/code/I2C_HelloWorld/

このプログラムは、NXP社の「**LM75BD**」という温度センサと、「I²C通信」で接続するものです。そのため、別途「**LM75BD**」を用意する必要があります。

> ※なお、「I²C」を利用する際は、信号線をプルアップする必要があります。
> このプログラムでは、「GR-PEACH」の「JP14」と「JP15」をショートすることで、「I²C」の信号線がプルアップされます。

「GR-PEACH」に搭載されているジャンパの詳細については、以下のサイトを参照してください。

https://developer.mbed.org/platforms/Renesas-GR-PEACH/

ただし、「I²C」で接続する相手側がプルアップされていれば、「GR-PEACH」側のプルアップは必要ありません。

*

実際に動かす前に、「GR-PEACH」と「センサ」を接続する必要があるので、それぞれの各端子を次のように接続します。

第2章 ソフト編

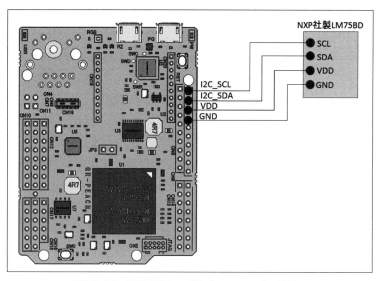

図2-2-23 「GR-PEACH」と「LM75BD」の接続図

「GR-PEACH」のリセットボタンを押してプログラムを動かすと、ターミナルソフト上に "Temp: XX.XX"（「XX.XX」は現在の温度）というメッセージが表示されます。

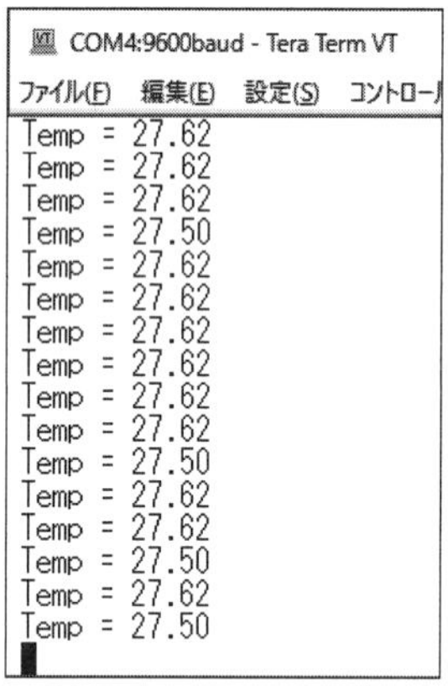

図2-2-24 現在の温度が表示

■ microSDにデータを保存

以下の「USB microSDサンプル・プログラム」のページを開き、microSDにデータを保存してみましょう。

https://developer.mbed.org/teams/mbed_example/code/SDFileSystem_HelloWorld/

※「SDFileSystemライブラリ」はあらかじめ設定されている環境のまま使う必要があるため、インポート時に表示されるダイアログでは、「Update all libraries to the latest version」にチェックを入れないでください。

[2-2] 「GR-PEACH」を動かしてみる

また、「mbedライブラリ」については最新のプログラムを使いたいので、インポートが終わったあとに「オンライン・コンパイラ」上で「mbedライブラリ」を右クリックし、「アップデート」を選択して最新のプログラムにしてください。

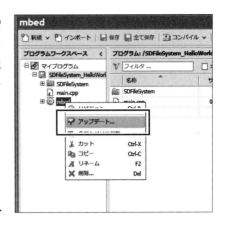

図2-2-25　「mbedライブラリ」のみアップデート

「main.cpp」の4行目のコードを「GR-PEACHの端子」に合わせて、以下のように変更してください。

【リスト2-6】変更前のプログラム
```
SDFileSystem sd (p5, p6, p7, p8, "sd") ;
```

【リスト2-7】変更後のプログラム
```
SDFileSystem sd (P8_5, P8_6, P8_3, P8_4, "sd") ;
```

> ※端子の定義はmbedプラットフォームの対応ボードごとに異なります。
> 　一部、互換性のある端子で書かれたプログラムもありますが、ほとんどのプログラムはプログラム作成者が所持している対応ボードの端子になっています。
> 　そのため、使っている対応ボードに合わせて、ユーザーごとに端子の定義を変更する必要があります。

プログラムの変更が終わったら、microSDを用意して、「GR-PEACH」の裏側にある「SD差し込み口」(図1-3-2参照)に挿入してください。

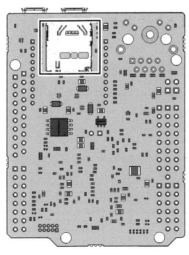

図2-2-26　「GR-PEACH」の裏側にある「SD差し込み口」

「GR-PEACH」のリセットボタンを押してプログラムを動かすと、ターミナルソフト上に"Hello World!"と"Goodbye World!"というメッセージが表示されます。

図2-2-27 "Hello World!"と"Goodbye World!"というメッセージが表示

また、microSDの中に「mydir」というディレクトリが作られ、さらにその中に「sdtest.txt」というテキストファイルが作られているのが確認できます。
このテキストファイルを開くと、"Hello fun SD Card World!"という文字が書かれています。

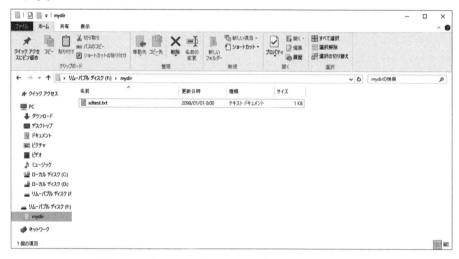

図2-2-28 「mydir」ディレクトリと「sdtest.txt」ファイル

図2-2-29 「sdtest.txt」ファイルの中身

[2-2] 「GR-PEACH」を動かしてみる

■「Ethernet」を使ってみよう

以下の「Ethernetサンプル・プログラム」のページを開き、「Ethernet」を使ってみましょう。

```
https://developer.mbed.org/teams/mbed_example/code/TCPSocket_HelloWorld/
```

「GR-PEACH」には「MACアドレス」が付属されていないため、自分でコードを追加する必要があります。

そのため、以下の「MACアドレス」を指定するコードを、「main.cpp」に追加して使ってください。

【リスト2-8】MACアドレス指定コード

```
// set mac address
void mbed_mac_address (char *mac) {
    mac[0] = 0x00;
    mac[1] = 0x02;
    mac[2] = 0xF7;
    mac[3] = 0xF0;
    mac[4] = 0x00;
    mac[5] = 0x00;
}
```

「Ethernetケーブル」で「GR-PEACH」と「PC」をつないだあと、「GR-PEACH」のリセットボタンを押してプログラムを動かすと、ターミナルソフト上に"Hello world!"というメッセージが表示されるのが確認できます。

このプログラムでは、「Ethernetケーブル」を介して「mbedの開発サイト」に接続して、サイト上にあるテキストファイルから"Hello world!"というデータを読み取り、ターミナルソフトに出力します。

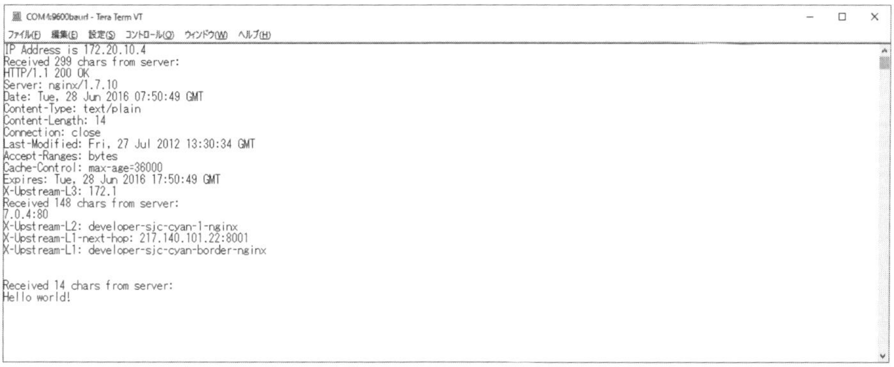

図2-2-30 "Hello world!"というメッセージが表示

第2章 ソフト編

■「USBのファンクション」として使ってみよう

以下の「USB Mouseサンプル・プログラム」のページを開き、「USBのファンクション」として「GR-PEACH」を使ってみましょう。

```
https://developer.mbed.org/users/samux/code/USBMouse_HelloWorld/
```

「GR-PEACH」に実行ファイルを書き込んだあと、次の図のように、「GR-PEACH」と「PC」をUSBケーブルで接続します。

「GR-PEACH」側は、「USB0」（LANコネクタに近い位置のUSBコネクタ）に接続します。

接続したら、「GR-PEACH」のリセットボタンを押してプログラムを動かすと、PCのマウスカーソルが円状に素早く移動するのが確認できます。

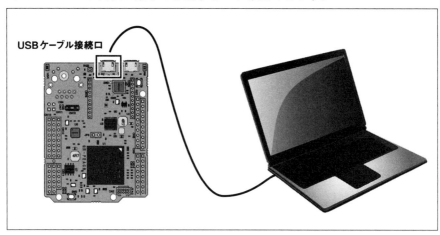

図2-2-31 「GR-PEACH」と「PC」の接続図

*

USBのファンクション機能に関する参考情報を、以下にまとめます。

＜USBの転送速度の変更＞

```
https://developer.mbed.org/teams/Renesas/wiki/GR-PEACH-knowhow-
database#usb-how-to-change-the-usb-speed
```

＜USBの使用口の変更（USB0→USB1）＞

```
https://developer.mbed.org/teams/Renesas/wiki/GR-PEACH-knowhow-
database#usb-how-to-use-the-usb1-function-of-gr
```

＜USBファンクションで「USB Mouse」以外の機能を使用＞

```
https://developer.mbed.org/handbook/USBDevice
```

[2-2] 「GR-PEACH」を動かしてみる

■「USBのホスト」として使う

以下の「USB Host Mouseサンプル・プログラム」のページを開き、「GR-PEACH」をUSBのホストとして使ってみましょう。

https://developer.mbed.org/users/samux/code/USBHostMouse_HelloWorld/

「VBUS」を電源供給するため、「JP3」をショートしてください。

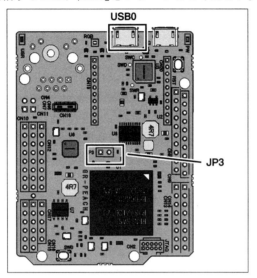

図2-2-32 「JP3」をショート

「USBマウス」を用意して「GR-PEACH」の「USB0」に接続したあと、「GR-PEACH」のリセットボタンを押してプログラムを動かすと、ターミナルソフト上に「USBマウスのカーソルの座標情報」が表示されます。

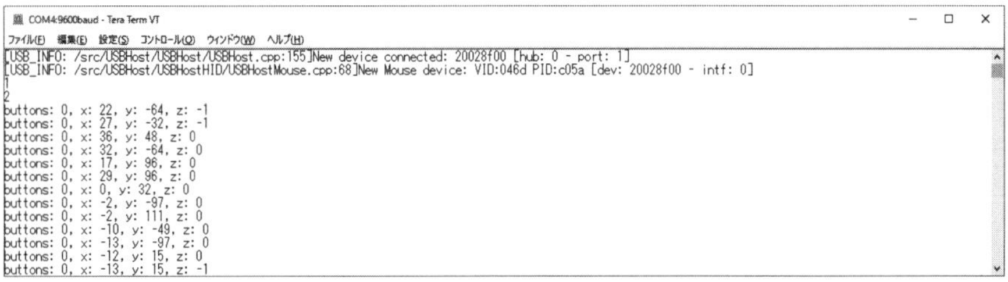

図2-2-33 「USBマウスのカーソル座標情報」が表示される

*

USBのホスト機能に関する参考情報を以下にまとめます。
なお、USBの転送速度の変更と、USBの使用口の変更（USB0→USB1）については、前ページの参考情報を参照してください。

第2章 ソフト編

＜アイソクロナス転送ライブラ＆サンプル＞

https://developer.mbed.org/teams/Renesas/wiki/GR-PEACH-knowhow-database#usb-usbhost-isochronous-transfer

＜USBホストでUSB Mouse以外の機能を使用＞

https://developer.mbed.org/handbook/USBHost

2-3 応用してみる

ここからは応用編として、少し複雑なプログラムを作っていきます。

「mbedの開発サイト」で公開されているライブラリや、「GR-PEACH専用Shield」を利用します。

■「Webカメラ」を使ってみよう

以下の「Web Cameraサンプル・プログラム」のページを開き、「Webカメラ」を使ってみましょう。

https://developer.mbed.org/teams/Renesas/code/GR-PEACH_WebCamera/

「GR-PEACH」はWebサーバとなり、PCのWebブラウザから「GR-PEACH」にアクセスすると、以下の情報が表示されます。

・カメラで取り込んだ画像
・「I²Cバス」につながったデバイスの制御画面
・「GR-PEACH」に搭載されたLEDのON/OFF操作画面

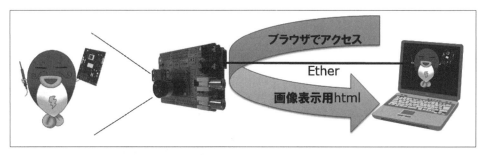

図2-3-1 「Web Cameraサンプル・プログラム」の動作イメージ

このプログラムを動かすには、次のものが必要になります。

[2-3] 応用してみる

・GR-PEACH
・GR-PEACH AUDIO CAMERA Shield
・カメラ（このサンプル・プログラムでは、CSUN社製MT9V111カメラモジュールを使用）
・PC
・LANケーブル

　このプログラムはカメラ制御を行なうため、「AUDIO CAMERA Shield」を使います。
　「AUDIO CAMERA Shield」の詳細については**1-3節**を参照してください。
＊
　それでは、「GR-PEACH」と「シールド」「その他のパーツ」を接続していきます。

　まず、「GR-PEACH」と「AUDIO CAMERA Shield」を接続します（**図1-3-2参照**）。
　次に「AUDIO CAMERA Shield」と「COMSカメラモジュール」の1ピン同士を合わせて接続します。
　そして「PC」と「GR-PEACH」を、「LANケーブル」と「USBケーブル」で接続します。

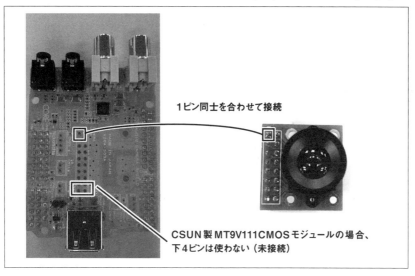

図2-3-2 「UDIO CAMERA Shield」と「カメラ」を接続

> ※「AUDIO CAMERA Shield」の「CAMERA-INコネクタ」は、さまざまなカメラモジュールを接続できるよう20ピン配置になっています。
> 　「Web Cameraサンプル・プログラム」では、CSUN社製「**MT9V111カメラモジュール**」を利用するため、「CAMERA-INコネクタ」の下4ピンは使いませんが、別のカメラモジュール（たとえば、OmniVision社製「**OV5642カメラモジュール**」など）の場合、「CAMERA-INコネクタ」のすべてのピンを接続します。

＊
　以下に、接続可能なカメラモジュールの一例を示します。

第2章 ソフト編

- CSUN社製「MT9V111カメラモジュール」
- CSUN社製「MT9D111メガピクセル・カメラモジュール」
- OmniVision社製「OV5642カメラモジュール」
- Arducam社製「MT9V111カメラモジュール」
- Arducam社製「MT9D111カメラモジュール」
- Arducam社製「OV5640カメラモジュール」
- Arducam社製「OV5642カメラモジュール」

この中で接続実績があるのは、
- CSUN社製「MT9V111カメラモジュール」
- OmniVision社製「OV5642カメラモジュール」

になります。

●利用するカメラについて

このプログラムで使っているカメラは、「CMOSカメラ」(MT9V111)です。

「MT9V111」以外のカメラを利用する際は、使うカメラに合わせて、「main.cpp」の26～30行目と159～174行目にある設定値を変更してください。

【リスト2-9】カメラに合わせて変更する設定値①

```
/** Camera setting **/
#define VIDEO_INPUT_METHOD          (VIDEO_CMOS_CAMERA)
#define VIDEO_INPUT_FORMAT          (VIDEO_YCBCR422)
#define USE_VIDEO_CH                (0)
#define VIDEO_PAL                   (0)
```

【リスト2-10】カメラに合わせて変更する設定値②

```
/* MT9V111 camera input config */
ext_in_config.inp_format =
        DisplayBase::VIDEO_EXTIN_FORMAT_BT601;
ext_in_config.inp_pxd_edge = DisplayBase::EDGE_RISING;
ext_in_config.inp_vs_edge = DisplayBase::EDGE_RISING;
ext_in_config.inp_hs_edge = DisplayBase::EDGE_RISING;
ext_in_config.inp_endian_on = DisplayBase::OFF;
ext_in_config.inp_swap_on = DisplayBase::OFF;
ext_in_config.inp_vs_inv =
        DisplayBase::SIG_POL_NOT_INVERTED;
ext_in_config.inp_hs_inv =
DisplayBase::SIG_POL_INVERTED;
ext_in_config.inp_f525_625 = DisplayBase::EXTIN_LINE_525;
ext_in_config.inp_h_pos = DisplayBase::EXTIN_H_POS_CRYCBY;
ext_in_config.cap_vs_pos = 6;
ext_in_config.cap_hs_pos = 150;
ext_in_config.cap_width = 640;
ext_in_config.cap_height = 468u;
```

[2-3] 応用してみる

このプログラムは、「NTSC入力」にも対応しています。

「NTSC入力」を使う場合は、以下のように「main.cpp」内の設定を変更してください。

表2-3-1 「NTSC入力」を利用する際の設定値

項　目	値
VIDEO_INPUT_METHOD	アナログカメラを使う場合は「VIDEO_CVBS」を設定。
VIDEO_INPUT_FORMAT	「VIDEO_YCBCR422」を設定。
USE_VIDEO_CH	「NTSC入力端子」を設定。「0」は「CN11」(内側：NTSC-IN (1A))、「1」は「CN12」(外側：NTSC-IN (1B))を使用。
VIDEO_PAL	「0」を設定。

●利用する「IPアドレス」について

このプログラムのデフォルト設定は、「DHCP ServerからIPアドレスを取得」になっています。

「固定IPアドレス」を利用する場合は、「main.cpp」の20行目の値を「1」から「0」に変更して使ってください。

【リスト2-11】「DHCP Server」からIPアドレスを取得する場合

```
#define  USE_DHCP            (1)
```

【リスト2-12】「固定IPアドレス」を使う場合

```
#define  USE_DHCP            (0)
```

＊

使っているPCがWindowsで、「固定IPアドレス」を利用してサンプルのプログラムを動かす場合は、PCのIPアドレスを変更する必要があります。

IPアドレスの変更方法と変更する値については、以下のサイトの「固定IPアドレスの設定」に記載されているので、参照してください。

```
https://developer.mbed.org/teams/Renesas/code/GR-PEACH_WebCamera/
```

第2章 ソフト編

●利用するライブラリについて

このプログラムで使っているライブラリは、以下の通りです。

表2-3-2 「Web Cameraサンプル・プログラム」で利用するライブラリ

ライブラリ	説 明
EthernetInterface	イーサネット通信を行なう。
FATFileSystem	Webページ用データを「FileSystem」に登録する。
GR-PEACH_video	画像の入出力設定、および入力と出力を行なう。
GraphicsFramework	「ハードウェアIP」を使い、グラフィックス関連（JPEG変換）の処理を行なう。
HttpServer_snapshot	「GR-PEACH」をWebサーバとして使う。
mbed-rpc	「Webブラウザ」と「mbedデバイス」のアクセスを可能にする。
mbed-rtos	OSを利用する。
R_BSP	「GraphicsFramework」と合わせて使う。

●実際に動かしてみよう

それでは、「GR-PEACH」のリセットボタンを押してプログラムを動かします。

PCでWebブラウザを開き、「http://192.168.0.2/web_top.htm」にアクセスすると、図2-3-3のトップ画面が表示されるのが確認できます。

・トップ画面

「トップ画面」は、左側に「メニュー画面」、右側に「サンプル・プログラムの説明画面」という構成になっており、各メニューをクリックすると、メニューに沿った説明画面が表示されます。

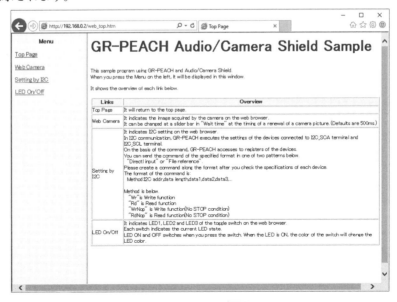

図2-3-3 トップ画面

[2-3] 応用してみる

・Webカメラ画面

メニュー画面の「Web Camera」をクリックすると、カメラで取り込んだ画像が表示されます。

「Wait time」のスライダーまたは数値の直接入力で、カメラ画像の更新タイミングが変更できます(初期値は500ms)。

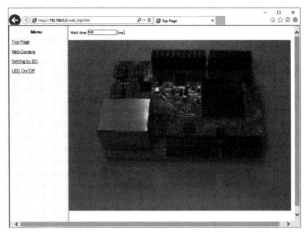

図2-3-4　Webカメラ画面

・「I²C」によるデバイス制御画面

メニュー画面の「Setting by I2C」をクリックすると、「I²Cバス」につながっているデバイスの制御画面が表示されます。

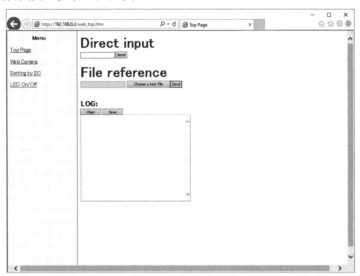

図2-3-5　「I²C」によるデバイス制御画面

「直接入力(Direct input)欄」または「ファイル参照(File reference)欄」から、**リスト2-13**のコマンドを送信することで、「I²C」の「I2C_SDA」「I2C_SCL」の端子につながっているデバイスに対して、データの送受信ができます。

サンプルのプログラムで使っている「MT9V111」に対しては、「ホワイトバランス」や

第2章 ソフト編

「自動露出」といったカメラ設定ができます。

「I^2Cによるデバイス設定のフォーマット」による送受信の通信ログは、ログウィンドウに表示されます。

また、「Clear」ボタンを押すとログのクリア、「Save」ボタンを押すとログの保存が可能です。

【リスト2-13】「I^2C」によるデバイス設定のフォーマット
```
Method:I2C addr,data length,data1,data2,data3,...
```

フォーマットの詳細については、以下のサイトの「I^2Cによるデバイス設定のフォーマット」を参照してください。

```
https://developer.mbed.org/teams/Renesas/code/GR-PEACH_WebCamera/
```

また、具体的な設定値については、接続先のデバイスの仕様を確認の上、フォーマットに沿ってコマンドを作ってください。

以下にフォーマットの例を示します。

*

リスト2-14は、I^2Cアドレス「0x90」のデバイスに対して、「0x25 0x45 0x14」の計3Byteのデータ書き込みを行ないます。

【リスト2-14】データ書き込みのフォーマット例
```
Wr:90,03,25,45,14
```

リスト2-15は、I^2Cアドレス「0x90」のデバイスに対して、2Byteのデータ読み出しを行ないます。

【リスト2-15】データ読み出しのフォーマット例
```
Rd:90,02
```

*

また、「MT9V111」用のカメラ設定コマンドをいくつか用意しました。

「直接入力」(Direct input)の場合は、テキストボックスにコマンドを書いたあと、「Send」ボタンを押してください。

「ファイル参照」(File reference)の場合は、「Choose a text file」ボタンをクリックしてファイルを選択したあと、「Send」ボタンを押してください。

「MT9V111」の場合、USBケーブルを抜き電源供給を遮断するまで設定値が有効になります。

[2-3] 応用してみる

【リスト2-16】彩度100％コマンド

```
// ColorSaturation 100 percent
// Select Reg IFP
Wr:90,03,01,00,01
// Write 2Byte to Reg 0x25
Wr:90,03,25,45,14
```

【リスト2-17】白黒画像コマンド

```
// ColorSaturation black and write
// Select Reg IFP
Wr:90,03,01,00,01
// Write 2Byte to Reg 0x25
Wr:90,03,25,75,14
```

【リスト2-18】水平反転コマンド

```
// Horizontal flip
// Select Reg IFP
Wr:90,03,01,00,01
// Write 2Byte to Reg 0x08
Wr:90,03,08,C8,01
// Select Reg CORE
Wr:90,03,01,00,04
// Write 2Byte to Reg 0x20
Wr:90,03,20,50,00
```

【リスト2-19】垂直反転コマンド

```
// Vertical flip
// Select Reg IFP
Wr:90,03,01,00,01
// Write 2Byte to Reg 0x08
Wr:90,03,08,C8,02
// Select Reg CORE
Wr:90,03,01,00,04
// Write 2Byte to Reg 0x20
Wr:90,03,20,90,00
```

・LED On/Off画面

　メニュー画面の「LED On/Off」をクリックすると、「LED操作画面」が表示され、各スイッチで「GR-PEACH」の「LED1」～「LED3」のON/OFFを切り替えできます。

　また、スイッチはそれぞれ「GR-PEACH」の「LED1」～「LED3」の現在の状態を表わしており、ONにすると対応するLEDの色になります。

第2章 ソフト編

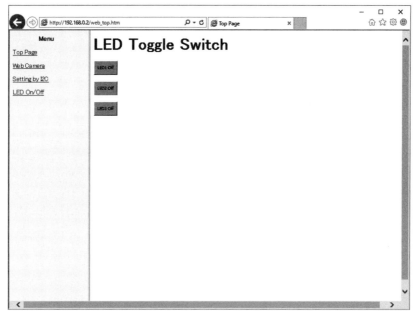

図2-3-6　LED On/Off画面

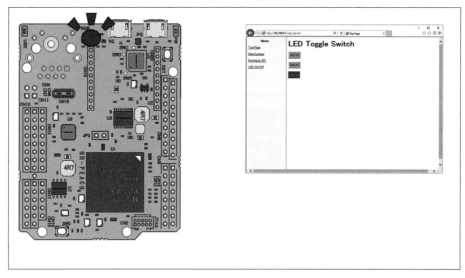

図2-3-7　「LED3」をONにすると、「GR-PEACH」のLEDが青く光る

●処理の流れ

では、「Web Cameraサンプル・プログラム」の処理の流れについて、簡単に説明します。

・リセットスタート時
①「file_table.h」に書かれたWebページ用データ(.htmファイルと.jsファイルのバイナリデータ)をFileSystemに登録。
②「GR-PEACH_videoライブラリ」を使って、カメラから画像取得を開始。

[2-3] 応用してみる

③WebブラウザからI^2Cでの設定、LED操作などができるように、「mbed-rpcライブラリ」への登録を行なう。

④「EthernetInterface」を起動し、「DHCP Server」からIPアドレスを取得（固定アドレスを設定することも可能）。

　なお、以降は取得（設定）したIPアドレスが「192.168.0.2」であるものとして説明する。

⑤「HTTPServer」に「SnapshotHandler」（画像用）、「FSHandler」（Webページ表示用）、「RPCHandler」（操作用）を登録。

・「Web Camera」クリック時

①「http://192.168.0.2/camera.htm」が開く。

②JavaScript（http://192.168.0.2/camera.js）内の処理が実行され、定期的に「SnapshotHandler」への画像取得要求が発生。

③「GR-PEACH」はその画像取得要求を受けると、「GR-PEACH_videoライブラリ」で取得したカメラ画像に対して、「GraphicsFrameworkライブラリ」によるJPEG変換を行ない、そのJPEGデータをWebブラウザに応答する。

　「GR-PEACH」が送信する画像サイズは「QVGA」（320×240）で、Webブラウザ上で最大「VGA」（640×480）まで拡大される。

　JPEG変換する際には、「GR-PEACH」のハードウェアIPを使うため、変換処理を高速に行なうことができ、カメラ画像を瞬時に切り替えることが可能。

・「Setting by I2C」クリック時

①「http://192.168.0.2/i2c_set.htm」が開く。

②「Send」ボタンを押すと、JavaScript（http://192.168.0.2/mbedrpc.js）内の処理が実行され、「RPCHandler」へ「http://192.168.0.2/rpc/SetI2CfromWeb/run,Wr:90,03,25,45,14」などの操作要求が発生。

③「GR-PEACH」は「RPCHandler」への操作要求を受けると、「/run,」以降のコマンド部分の解析を行ない、I^2Cドライバを使ってI^2C通信を行なう。

・「LED On/Off」クリック時

①「http://192.168.0.2/led.htm」が開く。

②各スイッチを操作すると、JavaScript（http://192.168.0.2/mbedrpc.js）内の処理が実行され、RPCHandlerに「http://192.168.0.2/rpc/led1/write 1」などの操作要求が発生。

③「GR-PEACH」は「RPCHandler」への操作要求を受けると、「mbed-rpcライブラリ」を通してLEDのON/OFF操作を行なう。

④そのあと、「RPCHandler」に「http://192.168.0.2/rpc/led1/read」などの情報取得要求が発生。

⑤「GR-PEACH」は「RPCHandler」への情報取得要求を受けると、「mbed-rpcライブラリ」を通してLEDの現在の状態を取得し、Webブラウザに応答する。

第2章 ソフト編

■ オーディオの再生

以下の「オーディオ（WAVファイル）再生サンプル・プログラム」のページを開き、WAVファイルを再生してみましょう。

https://developer.mbed.org/teams/Renesas/code/GR-PEACH_Audio_WAV/

USBメモリのルートフォルダに入っているWAVファイルを再生し、「GR-PEACH」の「USER_BOTTON」を押すと、次の曲を再生します。

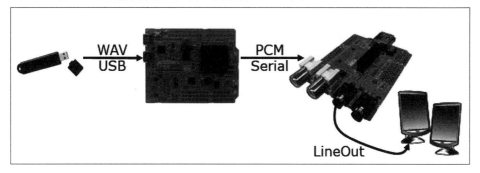

図2-3-8 「オーディオ再生サンプル・プログラム」の動作イメージ

このプログラムを動かすには、以下のものが必要になります。

・GR-PEACH
・GR-PEACH AUDIO CAMERA Shield
・スピーカー
・USBメモリ
・WAVファイル

WAVファイルの再生対象の範囲は表2-3-3の通りで、「ハイレゾ・オーディオ」（ハイレゾリューション・オーディオ）再生も可能です。

表2-3-3 WAVファイルの再生対象範囲

項　目	対象範囲
フォーマット	WAVファイル（RIFFフォーマット）
チャンネル	2ch
周波数	32kHz、44.1kHz、48kHz、88.2kHz、96kHz
量子化ビット数	16bits、24bits、32bits

また、このプログラムでは、「AUDIO CAMERA Shield」を使います。
「AUDIO CAMERA Shield」の詳細については、**1-3節**を参照してください。

[2-3] 応用してみる

それでは、「GR-PEACH」と「シールド」「その他パーツ」を、次に手順で接続していきます。

「GR-PEACH」の「USB0」をUSBホストとして利用します。

[1]「VBUS」供給のため、「GR-PEACH」の「JP3」をショートする(図2-2-32参照)。

[2]「GR-PEACH」と「AUDIO CAMERA Shield」を接続(図1-3-2参照)。

[3]WAVファイルをルートフォルダに入れたUSBメモリを、「GR-PEACH」の「USB0」に挿入します。

●「USB1」を「USBホスト」として使う場合

このプログラムでは、「USBホスト」のデフォルト設定は「USB0」になっています。

これを「USB1」にしたい場合は、p.46の参考情報を参考にコードを変更し、図2-3-9のように「AUDIO CAMERA Shield」の「JP1」をショートしてください。

図2-3-9 「AUDIO CAMERA Shield」の「JP1」をショート

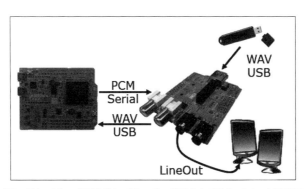

図2-3-10 「オーディオ再生サンプル・プログラム」の動作イメージ(USB1使用)

第2章 ソフト編

●利用するライブラリ

「オーディオ再生サンプル・プログラム」で使っているライブラリは、**表2-3-4**の通りです。

表2-3-4 「オーディオ再生サンプル・プログラム」で利用するライブラリ

ライブラリ	説　明
TLV320_RBSP	オーディオコーデックを操作。
USBHost	USBのホスト機能を使って音楽データを読み取る。
R_BSP	オーディオデータを転送。

●実際に動かしてみよう

それでは、「GR-PEACH」のリセットボタンを押してプログラムを動かしてみましょう。

WAVファイルが再生され、「LineOut」につないだスピーカーから再生曲が鳴るのが確認できます。

「GR-PEACH」の「USER_BOTTON」を押すと次の曲を再生し、再生曲が1周すると、また先頭から再生されます。

また、ファイル再生が開始されるたびに、ターミナルソフトに再生ファイルの「名前」や「フォーマット」情報などが出力されます。

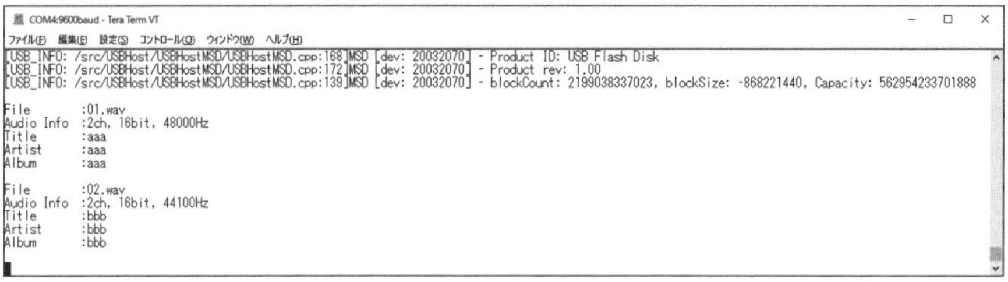

図2-3-11　ターミナルソフトへの出力イメージ

●処理の流れについて

では、プログラムの処理の流れについて簡単に説明します。

① 「USBHostMSDライブラリ」を使って、USBメモリからWAVファイルを読み取る。
② 「TLV320_RBSPライブラリ」を使って、PCMデータを「AUDIO CAMERA Shield」が搭載するコーデックに送信。
③ アナログ音声が、コーデックから「LineOut」に出力される。

[2-3] 応用してみる

■「LCD」をつないで画像を表示

　以下の「LCDサンプル・プログラム」のページを開き、カメラで取り込んだ画像を「LCD」に表示してみましょう。

```
https://developer.mbed.org/users/1050186/code/GR-PEACH_LCD_4_3inch_Save_to_USB/
```

　「GR-PEACH」はカメラから画像を取り込み、その画像を「LCD」上に表示します。
　「LCD」上の画面をタッチすると、「タッチ座標」をターミナルソフト上に表示します（最大2点まで同時にタッチすることが可能）。

　また、「GR-PEACH」の「USER_BOTTON0」を押している間、カメラから取り込んだ画像（サンプル・プログラムでの画像サイズは「480×272」）を、USBメモリに保存することもできます。

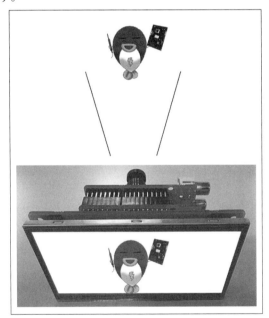

図2-3-12 「LCDサンプル・プログラム」の動作イメージ

＊

　このプログラムを動かすには、以下のものが必要になります。

・GR-PEACH
・GR-PEACH AUDIO CAMERA Shield
・GR-PEACH 4.3inch LCD Shield
・カメラ（このプログラムではCMOSカメラ（MT9V111）を使用）
・USBメモリ

第2章 ソフト編

　このプログラムは、カメラ制御を行なうために「GR-PEACH AUDIO CAMERA Shield」を使い、「LCD」への出力を行なうために「GR-PEACH 4.3inch LCD Shield」を使います。
　「GR-PEACH 4.3inch LCD Shield」の詳細については、**1-3節**を参照してください。

＊

　それでは、「GR-PEACH」と「シールド」「その他パーツ」を、次の手順で接続していきます。
　「GR-PEACH」の「USB0」を、USBホストとして使います。

---

[1]「VBUS」供給のため、「GR-PEACH」の「JP3」をショートする（**図2-2-32参照**）。

[2]「GR-PEACH」と「GR-PEACH AUDIO CAMERA Shield」を接続（**図1-3-2参照**）。

[3]「AUDIO CAMERA Shield」と「COMSカメラ」の「1ピン」同士を合わせて接続し（**図2-3-2参照**）、「AUDIO CAMERA Shield」と「CMOSカメラ」がつながった「GR-PEACH」と、「4.3inch LCD Shield」を接続。

[4]「GR-PEACH」の「USB0」に、USBメモリを挿入。

　なお、USBホストとして「USB1」を使う場合は、**p.46**の参考情報を参考にコードを変更し、図2-3-9を参考に「GR-PEACH AUDIO CAMERA Shield」の「JP1」をショートしてください。

図2-3-13　「LCDサンプル・プログラム」の接続図

●利用するカメラについて

　「LCDサンプル・プログラム」で使っているカメラは、「CMOSカメラ」(**MT9V111**)です。
　「**MT9V111**」以外のカメラを利用する際は、「Web Cameraサンプル・プログラム」と同様に、カメラに合わせて「main.cpp」内の設定を変更してください。

[2-3] 応用してみる

また、「NTSC入力」にも対応しているので、こちらも「Web Cameraサンプル・プログラム」を参照の上、「main.cpp」内の設定を変更してください。

●使うライブラリについて

このプログラムで使っているライブラリは、**表2-3-5**の通りです。

表2-3-5 「LCDサンプル・プログラム」で利用するライブラリ

ライブラリ	説　明
GR-PEACH_video	画像の入出力設定、および入力と出力を行なう
GraphicsFramework	ハードウェアIPを使い、グラフィックス関連（JPEG変換）の処理を行なう
USBHost	USBのホスト機能を使ってカメラ画像を保存する
R_BSP	GraphicsFrameworkと合わせて利用する

●実際に動かしてみよう

それでは、「GR-PEACH」のリセットボタンを押して、プログラムを動かしてみましょう。

カメラから取り込んだ画像が、LCDの画面上に表示されるのが確認できます（**図2-3-12**参照）。

また、LCDの画面をタッチすると、ターミナルソフト上に「タッチ座標」が表示されるのが確認できます。

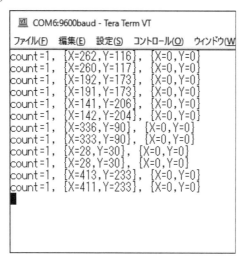

図2-3-14 「タッチ座標」の出力イメージ

さらに、「GR-PEACH」の「USER_BOTTON0」を押すと、現在のカメラ画像がUSBメモリに保存されます。

（USBメモリのルートディレクトリに「image_XX.jpg」というファイル名で保存され、

63

以降、保存のたびに「XX」の値が「00、01、…」と変わります)。

図2-3-15 「USER_BUTTON0」の位置

このプログラムでは「CMOSカメラ」(MT9V111)を利用しており、カメラで取り込んだ画像をJPEG変換して、USBメモリに保存します。

図2-3-16 「image_XX.jpg」ファイル

図2-3-17 「image_XX.jpg」ファイルの内容例

また、USBメモリに保存している最中は、ターミナルソフトに「ログメッセージ」を出力します。

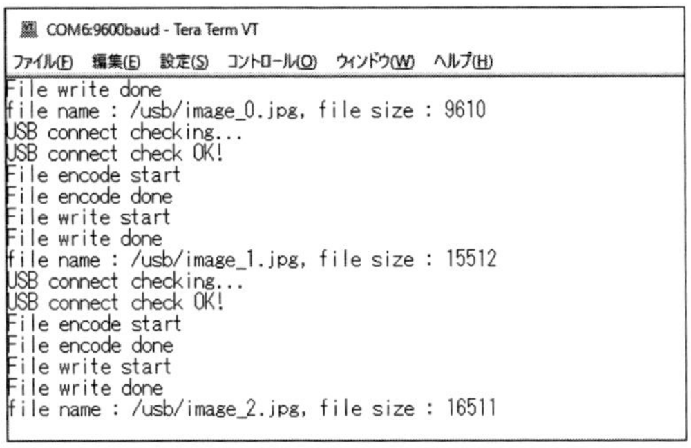
COM6:9600baud - Tera Term VT
ファイル(F) 編集(E) 設定(S) コントロール(O) ウィンドウ(W) ヘルプ(H)
File write done
file name : /usb/image_0.jpg, file size : 9610
USB connect checking...
USB connect check OK!
File encode start
File encode done
File write start
File write done
file name : /usb/image_1.jpg, file size : 15512
USB connect checking...
USB connect check OK!
File encode start
File encode done
File write start
File write done
file name : /usb/image_2.jpg, file size : 16511

図2-3-18 「ログメッセージ」を出力

●処理の流れについて

では、「LCDサンプル・プログラム」の処理の流れについて、簡単に説明します。

---

①「GR-PEACH_videoライブラリ」を使って、カメラからの画像取得とLCDへの画像出力を開始。
一度開始すると、それ以降は画像取得と画像出力を自動で行なう。

②100ms間隔で「ポーリング」(状況の監視)を行ない、LCD上のタッチ座標の読み取りやLCDの画面タッチを検出したら、ターミナルソフトに「タッチ座標」を出力。

③「GR-PEACH」の「USER_BOTTON0」が押されると、その時点で表示しているカメラ画像を変換(CMOSカメラ(MT9V111)の場合は、「Graphics Frameworkライブラリ」を使ってJPEG変換)して、USBメモリに保存する。
　保存が完了するまではLCDの画面は更新されない。
　また、JPEG変換する際は、「GR-PEACH」のハードウェアIPを使うため、変換処理を高速に行なうことができる。
　画面サイズも「480×272」なので、すぐにUSBメモリへの保存が終わり、カメラ画像のLCD表示が再開されます。

なお、カメラ画像を保存する際は、「main.cpp」内の「VIDEO_INPUT_FORMAT」の値によって変換方法が異なります。

表2-3-6 カメラ画像保存時の変換

main.cpp内の"VIDEO_INPUT_FORMAT"	変換方法
VIDEO_YCBCR422	JPEG変換
VIDEO_RGB888	bitmap変換
VIDEO_RGB565	バイナリ(RAWデータ)変換

第2章 ソフト編

2-4 「センサ」をつないでみよう

すでに「mbedの開発サイト」には、さまざまな「センサのサンプル・プログラム」が公開されています。

ここでは、どのように目的の「センサ」のプログラムを探し当てて動かすのか、その過程を紹介していきます。

■使いたい「センサ」が決まっていなかったら

まず、使いたい「センサ」が決まっていない場合は、使えそうな「センサ」を探すところから始めます。

「mbedの開発サイト」のページ左上に「Components」というボタンがあるので、これをクリックして、コンポーネントページを開きます。

コンポーネントページの詳細については、**2-1節**を参照してください。

図2-4-1 「Components」ボタンをクリック

このページの左側には、機器ごとのカテゴリが表示されており、その中に「Sensor」のカテゴリがあります。

ここをクリックすると、「センサ」の一覧が表示されるので、使えそうな「センサ」を探していきます。

[2-4] 「センサ」をつないでみよう

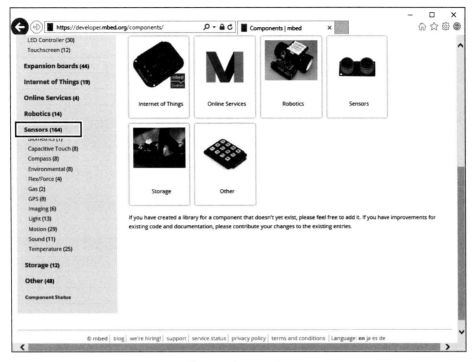

図2-4-2 「Sensor」のカテゴリをクリック

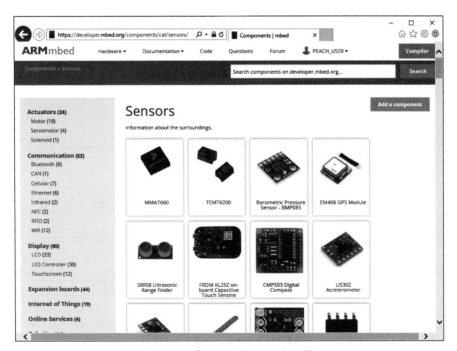

図2-4-3 「Sensor」のカテゴリ一覧

＊

コンポーネントページに掲載されている「センサ」について、一部ですが紹介します。

第2章 ソフト編

表2-4-1 「センサ」の一例

センサ	説　明	使用例
Analog Devices社製 3軸加速度センサ 「ADXL345」	XYZ軸の3方向の加速度を測定	ロボット制御、車の衝突検出、転倒検出、スマートフォンの画面向き変更検出など。
InvenSense社製3軸ジャイロ・センサ 「ITG-3200」	XYZ軸の3方向の角速度を測定	車のカーブ検出、手ぶれ検出、ゲーム用コントローラの振動検出など。
elecfreaks社製 超音波距離センサ 「HC-SR04」	超音波の反射時間を利用して距離を測定	壁までの寸法測定、ロボット歩行制御、自動ドアの人物検知など。
SparkFun社製 温度センサ「TMP102」	温度を測定	自動空調制御、配管温度測定など。
Parallax社製 ジェスチャー・センサ 「Si1143」	赤外LEDを逐次発光し、物体からの反射光を測定して動きを検知	自動照明、扉の自動開閉、ノンタッチによる画面操作など。

■ 使いたい「センサ」が決まったら

使いたい「センサ」が決まったら、その「センサ」をクリックしてください。

すると「サンプル・プログラム」のページが開くので、プログラムをインポートして使います。

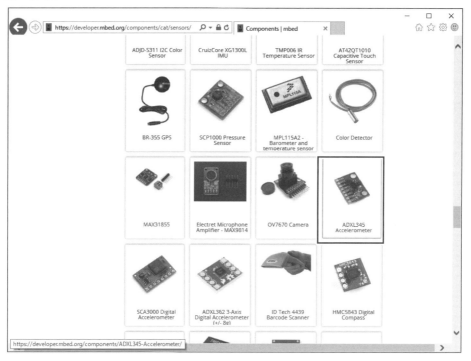

図2-4-4　使いたい「センサ」を選択

[2-4] 「センサ」をつないでみよう

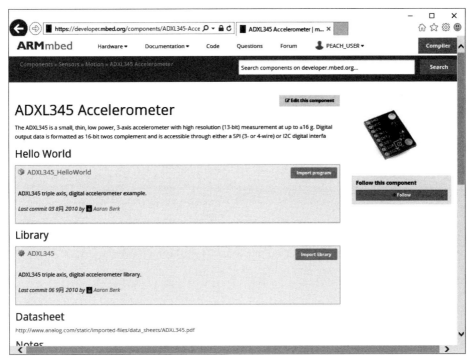

図2-4-5 「サンプル・プログラム」のページ

＊

なお、使いたい「センサ」は決まっていて、コンポーネントページに該当するものがない場合は、「mbedの開発サイト」の上側にある検索窓に「キーワード」や「型名」を入力して検索すると、「サンプル・プログラム」を探し出せる場合があります。

図2-4-6 検索窓に「キーワード」を入力して探す

第2章 ソフト編

●「mbedの開発サイト」でサンプルが見つかった場合

「mbedの開発サイト」内を検索した結果、使いたい「サンプル・プログラム」が見つかった場合について説明します。

以降は、3軸加速度センサ「ADXL345」を例としています。

[1]「ADXL345」を検索すると、次の図のように「検索結果画面」が表示されるので、その中から使いたい「サンプル・プログラム」をクリック。

図2-4-7　検索結果画面

図2-4-8　「サンプル・プログラム」を選択

[2] クリックすると「サンプル・プログラム」のページが開くので、右上にある「Import this program」をクリックしてプログラムをインポート。

図2-4-9　「Import this program」をクリック

[2-4] 「センサ」をつないでみよう

[3]この「サンプル・プログラム」では、センサと通信する際に利用するI^2Cの端子が「GR-PEACH」と異なるので、「main.cpp」の5行目の内容を変更する。

【リスト2-4-1】変更前のプログラム
```
ADXL345_I2C accelerometer(p9, p10);
```

【リスト2-4-2】変更後のプログラム
```
ADXL345_I2C accelerometer(I2C_SDA, I2C_SCL);
```

[4]また、「mbedライブラリ」が入っていないので、「オンライン・コンパイラ」の「インポート」をクリックして、「mbedライブラリ」をインポートする。

図2-4-10 「mbedライブラリ」を追加でインポート

[5]コンパイルを行ない、生成された実行ファイルを「mbedドライブ」にドラッグ&ドロップ。

[6]実際に動かす前に「GR-PEACH」と「センサ」を接続する必要があるので、それぞれの各端子を次の図のように接続。

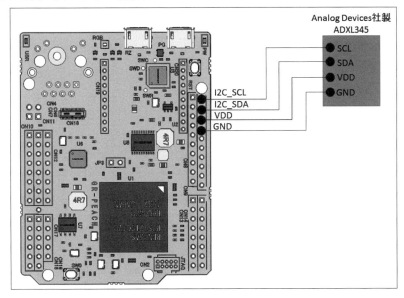

図2-4-11 「GR-PEACH」と「ADXL345」の接続図

作業が終わったら、「GR-PEACH」のリセットボタンを押してプログラムを動かしてください。

プログラムが動き出すと、ターミナルソフト上に"Starting ADXL345 test..."というメッセージのあとに、「X-Y-Z軸それぞれの加速情報」が表示されます。

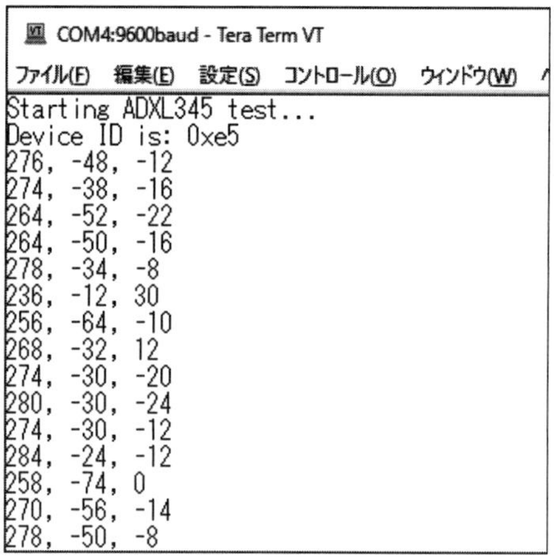

```
COM4:9600baud - Tera Term VT
ファイル(F) 編集(E) 設定(S) コントロール(O) ウィンドウ(W)
Starting ADXL345 test...
Device ID is: 0xe5
276, -48, -12
274, -38, -16
264, -52, -22
264, -50, -16
278, -34, -8
236, -12, 30
256, -64, -10
268, -32, 12
274, -30, -20
280, -30, -24
274, -30, -12
284, -24, -12
258, -74, 0
270, -56, -14
278, -50, -8
```

図2-4-12　ターミナルソフトへの3軸加速情報出力イメージ

●「mbedの開発サイト」では、サンプルが見つからなかった場合

ここでは、「温度センサ」（Analog Devices社製「**ADT7410**」）を例に、「mbedの開発サイト」内では、使いたい「サンプル・プログラム」が見つからなかったと仮定して、説明します。

＊

サンプルが見つからなかった場合は、「センサのデータシート」を見ながら、自分でコードを作っていくことになります。

「センサのデータシート」は、Webを検索すればすぐに見つけることができます。
例となる「ADT7410」のデータシートは、以下のサイトで公開されています。

http://www.analog.com/media/en/technical-documentation/data-sheets/ADT7410.pdf

データシートには、回路や通信方法の説明などが記載されており、「SERIAL INTERFACE」の章に、「I^{2}C」を使った通信フォーマットや「I^{2}Cアドレス」の説明があります。

この温度センサは、「I^{2}C」のアドレスを4つ（0x48～0x4B）搭載しており、この4つから1つを選択して利用する仕様になっているので、今回は「0x48」を使うことにします。

＊

なお、このアドレスの値は、「I^{2}C通信」で使うアドレス8ビットのうちの1～7ビットまでの値となるので、実際に使う場合は、0ビット目を含めた「0x90」という値にな

[2-4] 「センサ」をつないでみよう

ります。

データシートを参考に「**温度センサ(ADT7410)のサンプル・プログラム**」を作ると、リスト2-4-3～リスト2-4-5のようになります。

【リスト2-4-3】「main.cpp」のプログラム

```cpp
#include "mbed.h"
#include "ADT7410.h"

ADT7410 sensor (I2C_SDA, I2C_SCL) ;
DigitalOut led1 (LED1) ;

int main () {
    float temp;

    printf ("Sensor start!¥n") ;
    led1 = 1;
    while (1) {
        temp = sensor.temp_value () ;
        printf ("Temperature = %2.2f¥n",temp) ;
        led1 = !led1;
        wait_ms (250) ;
    }
}
```

【リスト2-4-4】「ADT7410.cpp」のプログラム

```cpp
#include "ADT7410.h"

ADT7410::ADT7410 (PinName sda, PinName scl) : i2c (sda, scl) {
    // set config (16bit resolution)
    send (ADT7410_CFG_ADDR, 0x80) ;
}

void ADT7410::send (char data_0, char data_1) {
    buf[0] = data_0;
    buf[1] = data_1;

    i2c.write (ADT7410_I2C_ADDR, buf, 2) ;
}

void ADT7410::recv (char data) {
    buf[0] = data;

    // no stop condition (restared)
    i2c.write (ADT7410_I2C_ADDR, buf, 1, true) ;
    i2c.read (ADT7410_I2C_ADDR, buf, 2) ;
}
```

第2章 ソフト編

```cpp
float ADT7410::temp_value () {
    int temp;
    float temp_fix;

    // set config (16bit resolution with one shot mode)
    send (ADT7410_CFG_ADDR, 0xA0) ;
    wait_ms (250) ;
    // recieve temperatue value (high and low)
    recv (ADT7410_TMPH_ADDR) ;
    temp = buf[0] << 0x08;
    temp += buf[1];

    if (temp & 0x8000) {
        temp_fix = (float) (temp - 65536) / 128;
    } else {
        temp_fix = (float) temp / 128;
    }

    return temp_fix;
}
```

【リスト2-4-5】「ADT7410.h」のプログラム

```cpp
#ifndef ADT7410_H_
#define ADT7410_H_

#include "mbed.h"

#define ADT7410_I2C_ADDR       0x90
#define ADT7410_TMPH_ADDR      0x00
#define ADT7410_CFG_ADDR       0x03

class ADT7410 {
public:
    ADT7410 (PinName sda, PinName scl) ;

    void send (char data_0, char data_1) ;
    void recv (char data) ;
    float temp_value () ;

protected:
    I2C i2c;
    char buf[2];

};

#endif /* ADT7410_H_ */
```

[2-4] 「センサ」をつないでみよう

　これら3つのプログラムとmbedライブラリを「オンライン・コンパイラ」でコンパイルし、生成された実行ファイルを「mbedドライブ」にドラッグ&ドロップします。

＊

　実際に動かす前に、「GR-PEACH」と「センサ」を接続する必要があるので、それぞれの各端子を図2-4-13のように接続します。

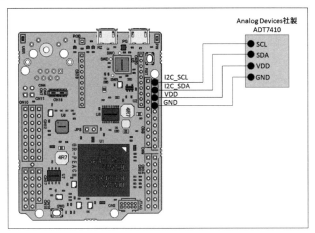

図2-4-13 「GR-PEACH」と「ADT7410」の接続図

　プログラムを動かす前に、「I²C」の信号線をプルアップする必要があります。次のいずれかの方法でプルアップを行なってください。

・GR-PEACHの「JP14」と「JP15」をショート
・センサの基盤にある「PU」の2箇所に半田を盛る
・「SCL」と「SDA」のライン上に「外付け抵抗」（10kΩ）を取り付ける

　「GR-PEACH」のリセットボタンを押してプログラムを動かすと、ターミナルソフト上に"Sensor start!"というメッセージのあと、「現在の温度」が表示されます。

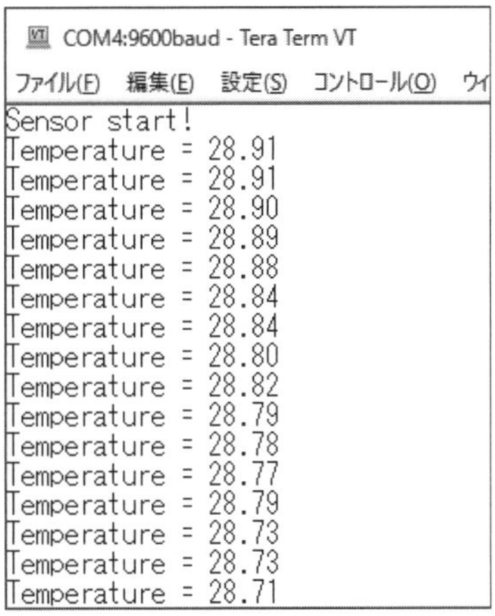

図2-4-14 「温度情報」が出力される

75

第2章 ソフト編

■「センサ」を複数つなぐ

世の中にある「センサ」の多くは、「I²C」か「SPI」という規格で通信します。そのため、「I²C通信」を使えば、多くの「センサ」をつないで制御することができます。

また、「I²C通信」は、「I²Cバス」を介してお互いをつなぎ、「I²Cアドレス」を指定して通信を行ないます。そのため、複数の「センサ」との通信も、「I²C」を使って行なうことができます。

●「I²C」で通信する「センサ」をつなぐときの注意点

複数の「センサ」をつなぐ場合は、「I²Cアドレス」に注意が必要です。

「センサ」は、「I²Cアドレス」を必ず1個はもっており(複数のアドレスをもっているものもあります)、これを固体識別として指定することで、「I²C通信」を行ないます。

そのため、同じ値の「I²Cアドレス」をもつ別々のセンサをつないで「I²C通信」を行なうと、アドレス競合が起きてしまい、正常な通信ができません。

この問題の回避策としては、スイッチを使って「I²Cバス」の切り替えを行なう方法などがありますが、「GR-PEACH」を使えば、複数のセンサでアドレス競合が起きても、スイッチのような部品を一切追加することなく、「I²C」で通信できます。

●「GR-PEACH」で複数のセンサをつなぐ

Arduino互換コネクタ以外に、拡張コネクタに2つの「I²C端子」があります。

表2-4-2 「I²C端子」一覧

I²C端子	コネクタ
I2C_SCL (P1_2) / I2C_SDA (P1_3)	Arduino互換コネクタ(図1-2-4参照)
P1_0 / P1_1	拡張コネクタ(図1-2-5参照)
P1_6 / P1_7	拡張コネクタ(図1-2-5参照)

これらの「I²C端子」を使えば、たとえ「I²Cアドレス」が被っても、プログラムの最初で行なうコンストラクタ処理を1行追加するだけで、簡単に複数のセンサを同時に使えます。

そのほか「I²C端子」が複数ある利点として、「I²C通信」を頻繁に行なうような処理であっても、「I²C」の別チャネルを使うことで処理分散もできる点が挙げられます。

*

それでは、同じセンサを2個同時につないだプログラムを実際に動かしていきます。

以下の「ジェスチャー・センサ」を2個同時につないだプログラムのページを開き、「ジェスチャー・センサ」を使って、LCDに画像を表示してみましょう。

https://developer.mbed.org/users/1050186/code/DrawImage_by_2_gesture_sensor/

[2-4] 「センサ」をつないでみよう

　「GR-PEACH」は2つの「ジェスチャー・センサ」(Parallax社製「Si1143」)から値を読み取り、その結果に応じて画像をLCD上に表示します。

＊

　このプログラムを動かすには、以下のものが必要になります。

・GR-PEACH
・GR-PEACH 4.3inch LCD Shield
・Parallax社製Si1143 (2個)

　「ジェスチャー・センサ」は、Parallax社製「Si1143」を使います。
　「Si1143」は、センサの基盤上に搭載された3つの「赤外線LED」を放射し、物体からの反射光を測定することによって動きを検出します。
　「GR-PEACH」は、「I^{2}C通信」でこのセンサを制御して、センサによる動き検出を行ないます。

　また、LCDへの出力を行なうために、「4.3inch LCD Shield」を使います。
　「4.3inch LCD Shield」の詳細については、1-3節を参照してください。

＊

　それでは、「GR-PEACH」と「シールド」「その他パーツ」を、次の手順で接続していきます。

[1]「GR-PEACH」と「4.3inch LCD Shield」を接続し、そのあと2つの「Si1143」を接続。

[2]「GR-PEACH」に搭載されている2つの「I^{2}C端子」と、「Si1143」の端子を、図2-4-15のように接続。

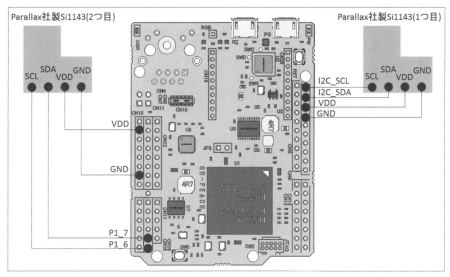

図2-4-15　「GR-PEACH」と「Si1143」(2個)の接続図

第2章 ソフト編

●プログラムのポイント

「main.cpp」の68〜72行目にコンストラクタの処理があり、そのうち71行目と72行目が2つの「ジェスチャー・センサ」に対するコンストラクタの処理です。

利用するI^2C端子が違うコンストラクタ処理が2つあり、これだけで、同じ「I^2Cアドレス」をもつセンサを、同時に利用できるようになります。

【リスト2-4-6】「main.cpp」の一部

```
DigitalOut  lcd_pwon  (P7_15) ;
DigitalOut  lcd_blon  (P8_1) ;
PwmOut      lcd_cntrst (P8_15) ;
SI1143      sensor1 (I2C_SDA, I2C_SCL) ;
SI1143      sensor2 (P1_7, P1_6) ;}
```

●実際に動かしてみよう

それでは、「GR-PEACH」のリセットボタンを押して、プログラムを動かしてみましょう。

まず、プログラムが起動すると、LCDの画面上に"Program Setting"と表示され、「ジェスチャー・センサ」のセットアップが開始されます。

そして、セットアップが終わると、"Program Start!!"という画面が表示され、センサが動き始めます。

```
┌─────────────────────────────┐
│                             │
│      Program Setting        │
│                             │
│                             │
└─────────────────────────────┘
```

図2-4-16 "Program Setting"の画面イメージ

```
┌─────────────────────────────┐
│      Program Start!!        │
│                             │
│                             │
│ Draw rectangle by 2 gesture sensor │
└─────────────────────────────┘
```

図2-4-17 "Program Start!!"の画面イメージ

2つの「Si1143」のLED1〜LED3に手をかざすと、6種類の四角形がLCD上に描画されるのが確認できます。

[2-4] 「センサ」をつないでみよう

1つ目の「Si1143」の「LED1」に手をかざした場合は「赤色の四角形」、「LED2」は「緑色の四角形」、「LED3」は「青色の四角形」がそれぞれLCD上に描画されます。

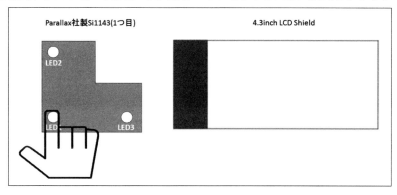

図2-4-18　1つ目のセンサの「LED1」に手をかざした際の画面イメージ

また、2つ目の「Si1143」の「LED1」に手をかざすと「黄色の四角形」、「LED2」に手をかざすと水色の四角形、「LED3」に手をかざすとピンク色の四角形が、それぞれLCD上に描画されます。

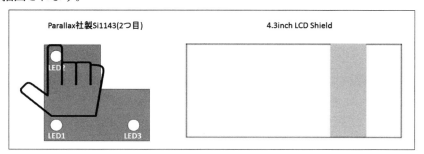

図2-4-19　2つ目のセンサの「LED2」に手をかざした際の画面イメージ

2つの「Si1143」はそれぞれ独立しているため、1つの目の「Si1143」の「LED3」と、2つ目の「Si1143」の「LED1」にそれぞれ手をかざすと、「青色と黄色の四角形」がLCD上に描画されます。

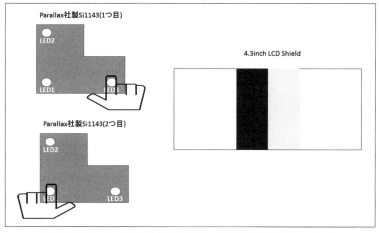

図2-4-20　2つの「Si1143」に手をかざした際の画面イメージ

第3章

実践編
「マイコンカー」を走らせよう

「GR-PEACH」に搭載されている「RZ/A1H」は、大容量内蔵RAM、グラフィックス機能、オーディオ機能、タイマ機能、コネクティビティ機能などを有しており、画像処理を使ったロボットの製作に最適です。
本章では、応用例として「GR-PEACH」を「マイコンカー」に利用する方法を紹介します。

3-1 「GR-PEACHマイコンカー」の概要

■ 外観と構成

「GR-PEACH搭載 画像処理マイコンカー」(以降、「GR-PEACHマイコンカー」)は、大きく以下の部品で構成されています。

＜制御系＞
- GR-PEACH
- GR-PEACH Shield for MCR基板
- カメラモジュール
- モータドライブ基板Ver.5

＜駆動系＞
- 左モータ
- 右モータ
- サーボモータ

図3-1-1　GR-PEACHマイコンカー

第3章 実践編 「マイコンカー」を走らせよう

■ 電源構成

「GR-PEACHマイコンカー」は、制御系と駆動系で電源系統を切り離して、「駆動モータ」「サーボモータ」側でどれだけ電流を消費しても「RZ/A1H」がリセットしないようにしています。

電源構成図を**図3-1-2**に示します。

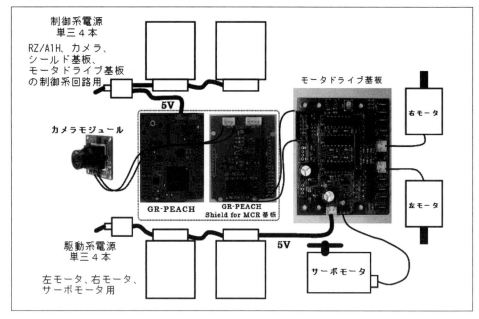

図3-1-2 電源構成

電源系の流れを**図3-1-3**に示します。

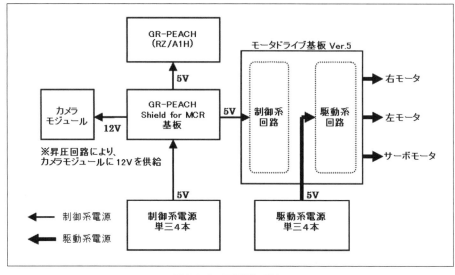

図3-1-3 電源系の流れ

[3-1] 「GR-PEACHマイコンカー」の概要

■ カメラモジュール

「カメラモジュール」とは、レンズ、イメージセンサ（CCD/CMOS）、センサの出力データ処理、およびカメラシステムの総称です。

●「CCDイメージセンサ」と「CMOSイメージセンサ」の違い

「カメラモジュール」の撮像素子は、主に「CCDイメージセンサ」と「CMOSイメージセンサ」の2種類があります。

これらのイメージセンサには、それぞれ以下のような特徴があります。

表3-1-1 「CCDイメージセンサ」と「CMOSイメージセンサ」の比較

	CCD	CMOS
感度	◎	◎
画質	◎	○
スミア※	あり（ただし、実用上問題ないレベル）	原理的になし
消費電力	△（複数電源／高駆動電圧が必要）	◎（単一／低電圧駆動が可能）
動画歪み	◎（なし）	△（あり）
その他の特徴	一括読み出し可能	周辺回路の集積化可能

「CCD」は画質を優先する用途に最適で、「CMOS」は小型低消費電力を優先する用途に最適であることが分かります。

※「スミア」は「CCD」特有の現象で、太陽光など明るい光を写した場合に垂直方向に発生する光の筋を指します。

●カメラ入力

「CCDイメージセンサ」と「CMOSイメージセンサ」は、光検出の原理自体はほぼ同じですが、カメラからの入力方法に違いがあります。

「CCDイメージセンサ」は、映像信号を構成する同期信号、輝度信号、色信号を合成して1本のケーブルで扱えるようにした信号（コンポジット映像信号：Composite Video, Blanking, and Sync、以下「CVBS」）で映像信号をアナログで入力します。

「CVBS」には、「NTSC」「PAL」「SECAM」の3方式があります。

「CMOSイメージセンサ」は、単位セルごとに光変換された電気信号を、ピクセルクロックやデータバスによってデジタルで入力します。

表3-1-2 「CCDイメージセンサ」の入力方式

カメラ入力	方 式	内 容
CCDイメージセンサ（アナログ入力）	NTSC	「National Television System Committee」（全米テレビジョン放送方式標準化委員会）が策定したコンポジット映像信号の規格。日本のアナログ放送でも採用されていた。
	PAL	「PAL」（phase alternating line、位相反転線）は、カラーコンポジット映像信号の規格。開発した西ドイツを中心に、ヨーロッパ、ASEAN諸国で採用されている。
	SECAM	SECAM（セカム）は、カラーコンポジット映像信号の方式のひとつで、フランスで開発された。

表3-1-3 「CMOSイメージセンサ」の入力方式

カメラ入力	内 容
CMOSイメージセンサ（デジタル入力）	ピクセルクロックに同期したデータバス(8bit)による画像データ出力とI^2C（シリアル通信）によるカメラモジュールのレジスタ設定機能が備わっていることが特徴。 ただし、メーカーによって信号のタイミングや信号配列、初期化の仕様が異なるため、カメラモジュールごとにプログラムを作る必要がある。

● カメラ入力フォーマット

CCDイメージセンサの「信号処理IC」や、CMOSイメージセンサに接続される「JPEG/MPEG/NTSC/PALエンコーダ」の標準的な入力フォーマットは、「ITU-R BT.601」などで規定されています。

「RZ/A1H」で使用可能なカメラ入力フォーマットは、「YCbCr422」「YCbCr444」「RGB888」「RGB666」「RGB565」です。その中でも代表的なものを示します。

表3-1-4 「RZ/A1H」で使用可能なカメラ入力フォーマットの一例

入力フォーマット	内 容							
YCbCr422	Y_3	Cr_{3-2}	Y_2	Cb_{3-2}	Y_1	Cr_{1-0}	Y_0	Cb_{1-0}
	8bit	8bit	8bit	8bit	8bit	8bit	8bit	8bit
	Y：輝度　Cr：赤色色差成分　Cb：青色色差成分							
RGB888	カラーマスクは次の通り。 赤、緑、青の輝度値がそれぞれ8bitあり、「0～255」までの256階調を表現することができる。							
	8bit / Red 23 22 21 20 19 18 17 16			8bit / Green 15 14 13 12 11 10 9 8			8bit / Blue 7 6 5 4 3 2 1 0	
RGB565	カラーマスクは次の通り。 赤、青が5bit、緑が6bitの輝度値を表現することができる。							
	5bit / Red 15 14 13 12 11			6bit / Green 10 9 8 7 6 5			5bit / Blue 4 3 2 1 0	

[3-1] 「GR-PEACHマイコンカー」の概要

本書で利用するカメラモジュールは、画質や画像処理の導入がしやすい、「CCDイメージセンサ」にします。また、入力フォーマットは「YCbCr422」を利用します。

*

本書で使う「カメラモジュール」の仕様を、以下に示します。

なお、下記のものに限らず、「NTSC規格」であれば、別のカメラでも問題ありません。

図3-1-4　2SC-310NM00C000

＜特徴＞
・SONY高解像度1/3インチCCD搭載
・有効画素数510×492（約25万画素）
・水平380TV本以上
・Day（昼時カラー）/Night（夜字モノクロ）自動切り替え（画像明暗による）

＜仕様＞
・電源電圧：12VDC±10%
・消費電流：80mA
・基板サイズ：32×32mm
・レンズマント：M12×0.5
・CCD/DPS：IC×632BK／CXD3142R（SONY）
・CCD工学フィルタ：1層OLPF
・簡易レンズ：焦点距離：3.6mm、画角：90°、F値：2.0
・映像＋電源コネクタ：4ピン、1.25mmピッチ（基板上）
・映像出力レベル：コンポジット　1Vp-p、75Ω（NTSC）
・有効画素数：510(H)×492(V)約25万画素
・出力解像度：水平380TV本以上
・電子シャッター：自動1/60～1/100,000(秒)
・ホワイトバランス：自動3,200～10,500K
・ガンマ：0.45
・S/N比：52dB以上
・最低照度：0.1ルクス
・動作温湿度範囲：-10℃～+50℃、80%RH
・保管温湿度範囲：-20℃～+60℃、90%RH

第3章 実践編 「マイコンカー」を走らせよう

■ GR-PEACH Shield for MCR基板

「GR-PEACH Shield for MCR基板」は、「GR-PEACH」と「モータドライブ基板Ver.5」のコネクタに互換性がないため、コネクタのピン配置を変換する基板です。

また、「カメラモジュール」の電源(12V)を用意するために、「昇圧回路」を追加しています。

●外観

図3-1-5　GR-PEACH Shield for MCR基板

表3-1-5　「R-PEACH Shield for MCR基板」の接続端子

部品番号	説　明
CN1	3ピンコネクタ。カメラモジュール(NTSC)を接続する。 1ピン：映像信号　2ピン：GND　3ピン：電源(12V)
CN2	10ピンコネクタ。モータドライブ基板Ver.5の「CN2」とフラットケーブルで接続する。
CN3	4ピンコネクタ。モータドライブ基板Ver.5の「CN3」と接続する（今回は、使わない）。

※本基板は、開発試作品です。次ページの「回路図」を参照の上、製作してください。
　また、基板の販売を検討しており、販売が決まった場合は、下記URLに情報を公開予定です(2016年8月時点)。

http://gadget.renesas.com/ja/product/peach.html

[3-1] 「GR-PEACHマイコンカー」の概要

●回路図

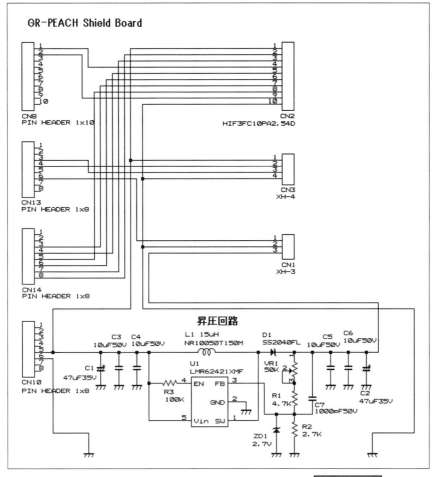

図3-1-6 「GR-PEACH Shield for MCR基板」回路図 Download

■ モータドライブ基板Ver.5

＜特徴＞
・モータ2個の正転、逆転、停止（ブレーキ）制御。
・サーボ1個の制御。
・LED1個を点灯、消灯。
・プッシュスイッチ1個の状態を検出。

図3-1-7 モータドライブ基板Ver.5

第3章 実践編 「マイコンカー」を走らせよう

<仕様>
- 制御できるモータ：2個（左モータ、右モータ）
- 制御できるサーボ：1個
- プログラムで点灯、消灯できるLED：2個
- プッシュスイッチ：1個
- 制御系電源（CN2に加えることのできる電圧）：DC5.0V±10%
- 駆動系電源（CN1に加えることのできる電圧）：4.5〜5.5V、または7V〜15V。ただし、7V以上の場合、「LM350追加セット」によってGR-PEACHの電圧を5V、サーボに加える電圧を6Vにする必要あり。
- 基板外形：幅80×奥行き65×厚さ1.6mm
- 完成時の寸法：幅80×奥行き65×高さ20mm
- 重量：約35g（リード線の長さや半田の量で変わる）

※本基板は、日立ドキュメントソリューションズの「マイコンカーラリー販売」（http://www2.himdx.net/mcr/）で購入可能です。

●回路図

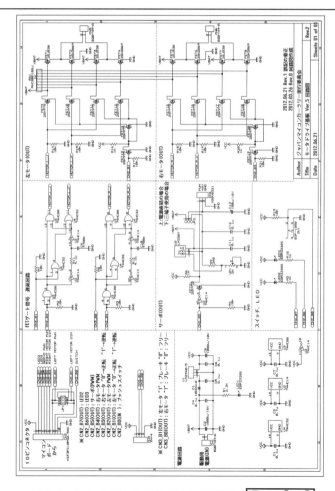

図3-1-8 「モータドライブ基板Ver.5」回路図 Download

[3-1] 「GR-PEACHマイコンカー」の概要

●寸法

「モータドライブ基板Ver.5」には、取り付け用の穴が6個あります。

この穴を使って、「モータドライブ基板Ver.5」を「GR-PEACHマイコンカー」に固定してください。

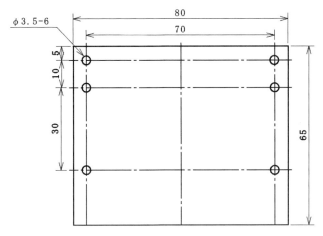

図3-1-9　取り付け用の穴

●外観

「モータドライブ基板Ver.5」は、図3-1-10のような機能があります。

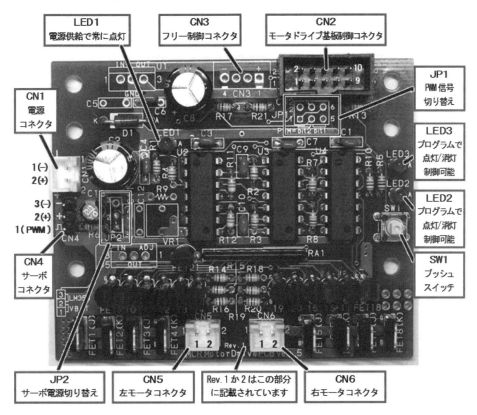

図3-1-10　「モータドライブ基板Ver.5」の機能

第3章 実践編 「マイコンカー」を走らせよう

・駆動系電源コネクタ(CN1)

モータとサーボモータに供給する電源コネクタです。

ICなどの制御系回路は、10ピンコネクタから供給される「5V」で動作します。

標準では、入力電圧「6V」まで対応していますが、それ以上の電圧にするときは、サーボモータに加える電圧を「6V一定」にする必要があります。

オプションの「LM350追加セット」の部品を追加すると、サーボモータの電圧を一定にすることができます。

> ※「LM350追加セット」については、「マイコンカーラリー販売」(http://www2.himdx.net/mcr/)に掲載されている「モータドライブ基板製作マニュアル」を参照してください。

表3-1-6 「駆動系電源コネクタ」の詳細

部品番号	接続先	pin	詳細
CN1	電源入力	1	GND
		2	＋電源 (4.5～5.5V、または7V～15V入力) 「7V」以上の場合、別売りの「LM350追加セット」の部品を取り付ける必要がある。

・10ピンコネクタ(CN2)

フラットケーブルで「GR-PEACH Shield for MCR基板」の「CN2」コネクタと接続します。

「CN2」の入出力信号を下表に示します。

表3-1-7 「10ピンコネクタ」の入出力信号

モータドライブ基板Ver.5 (CN2)		GR-PEACH Shield for MCR基板(CN2)			
ピン番号	信号名	ピン番号	信号名	入出力設定	説明
1	VCC(+5V)	1	VCC(+5V)	—	
2	LED2	2	P2_15	出力	「P2_15」は通常のI/Oポート。
3	LED3	3	P2_14	出力	「P2_14」は通常のI/Oポート。
4	サーボ	4	P4_0	出力 (PWM波形出力)	この端子はPWM出力を許可する。「MTU2TGRD_0」でON幅を設定。
5	PWM 右モータ	5	P4_5	出力	この端子はPWM出力許可にする。「MTU2TGRD_4」でON幅を設定。
6	右モータ 回転方向	6	P4_7	出力	「P4_7」は通常のI/Oポート。

[3-1] 「GR-PEACHマイコンカー」の概要

7	左モータPWM		7	P4_4	出力 (PWM波形出力)	この端子はPWM出力許可にする。「MTU2TGRC_4」でON幅を設定。
8	左モータ回転方向		8	P4_6	出力	「P4_6」は通常のI/Oポート。
9	プッシュスイッチ		9	P2_13	入力	プッシュスイッチの状態を入力。
10	GND		10	GND	—	—

「GR-PEACH Shield for MCR基板」の「CN2」と接続すると、右モータPWM端子は「P4_5」、左モータPWM端子は「P4_4」と接続されます。

「MTU2_3」「MTU2_4」による「リセット同期PWMモード」を使って、これらの端子から「PWM波形」を出力し、左右のモータを制御します。

> ※サーボモータ「PWM」は、「MTU2_0」の「PWMモード1」によるPWM出力です。

・4ピンコネクタ(CN3)

モータの停止状態を制御するコネクタです(今回は使いません)。

利用する場合は、「GR-PEACH」のI/Oポートと接続します。

「RZ/A1H」から「1」を出力するとフリー、「0」を出力するとブレーキ状態になります。今回は使わないため、モータの停止状態は常にブレーキ状態になります。

表3-1-8 「4ピンコネクタ」の接続端子

部品番号	接続先	pin	詳細
CN3	GR-PEACHと接続	1	+5V
		2	左モータの停止状態選択　1:フリー 0:ブレーキ
		3	右モータの停止状態選択　1:フリー 0:ブレーキ
		4	GND

・サーボモータ用コネクタ(CN4)

「サーボモータ」と接続します。

3ピンで信号の順番が、「1：サーボ信号、2：+電源、3：GND」となっています。この順番でないメーカーのサーボモータは、サーボ側のピンを入れ替える必要があります。

・「左モータ・コネクタ」(CN5)/「右モータ・コネクタ」(CN6)

「左モータ」「右モータ」と接続します。

モータの状態とCN5、CN6の関係を下表に示します。

表3-1-9 「モータ」と「CN5/CN6」の対応

状　態	ピン番号1の出力	ピン番号2の出力
正転	0V	VBAT
逆転	VBAT	0V
ブレーキ	0V	0V

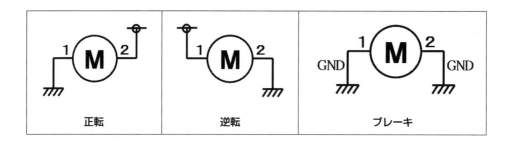

- 電源用モニタLED

　電源コネクタに電圧が供給されていると点灯します。

- LED2

　「10ピンコネクタ」に接続した「GR-PEACH」の、ポート2の「bit15」と接続されています。

　このbitを出力用に設定して、「LED2」を点灯(消灯)します。

- LED3

　「10ピンコネクタ」に接続した「GR-PEACH」の、ポート2の「bit14」と接続されています。

　このbitを出力用に設定して、「LED2」を点灯(消灯)します。

- プッシュスイッチ

　「10ピンコネクタ」に接続した「GR-PEACH」の、ポート2の「bit13」と接続されています。

　このbitを入力用に設定し、状態を読み込むことによって、スイッチが押されているかどうかをチェックします。

● 「モータドライブ基板」の役割

　「モータドライブ基板」は、「RZ/A1H」からの命令によってモータを動かします。

　「RZ/A1H」からの「モータを回せ、止めろ」という信号は「十数mA」と非常に弱く、その信号線に直接モータをつないでも、モータはまったく動きません。

　この弱い信号を、モータが動くための「数百～数千mA」という大きな電流が流せる信号に変換します。

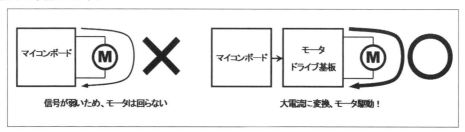

図3-1-11　モータドライブ基板

[3-1]「GR-PEACHマイコンカー」の概要

●スピード制御の原理

「モータ」は、「電圧」を加えれば回り、加えなければ止まります。

では、その中間のスピードや、「10％、20％…」など、細かくスピード調整したいときはどうすればいいでしょうか。

「ボリューム」(半固定抵抗)を使えば、電圧を落して「モータ」の回転数を制御することができます。

しかし、「モータ」には大電流が流れるため、大きな「抵抗」が必要です。また、「モータ」に加え損なったぶんは、「抵抗」の熱となってしまいます。

そこで、スイッチでONとOFFを高速に繰り返して、あたかも中間的な電圧が出ているような制御を行ないます。

「ON/OFF信号」は、周期を一定にしてONとOFFの比率を変える制御を行ないます。これを、「パルス幅変調」と呼び、英語では「PWM (Pulse Width Modulation)制御」と言います。

また、パルス幅に対するONの割合のことを、「デューティ比」と言います。
周期に対するON幅を「50％」にするときは、「デューティ比50％」と言います。
他にも「PWM50％」とか、単純に「モータ50％」とも言います。

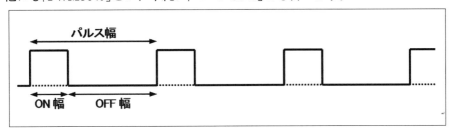

図3-1-12 「パルス幅」と「デューティ比」

デューティ比＝ON幅／パルス幅(ON幅＋OFF幅)

です。たとえば、「100ms」のパルスに対して、ON幅が「60ms」なら、

デューティ比＝60ms/100ms＝0.6＝60％

となります。すべてONなら「100％」、すべてOFFなら「0％」となります。

「PWM」と聞くと、何か難しく感じてしまいますが、図3-1-13のように手でモータと電池の線の「つなぐ～離す」を繰り返すことも「PWM」と言えます。

つないでいる時間が長いと、モータは速く回ります。逆に、離している時間が長いと、モータは少ししか回りません。

人なら「つなぐ」「離す」の動作をコンマ数秒でしかできませんが、「RZ/A1H」なら数ミリ秒(またはそれ以下)でできます。

第3章 実践編 「マイコンカー」を走らせよう

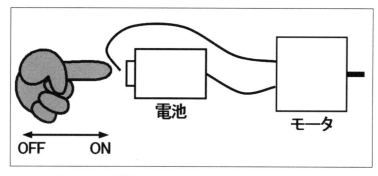

図3-1-13 電池のオンオフを繰り返すのも、「PWM」の一種

＊

図3-1-14のように、「0V」と「5V」を出力するような波形で考えてみます。

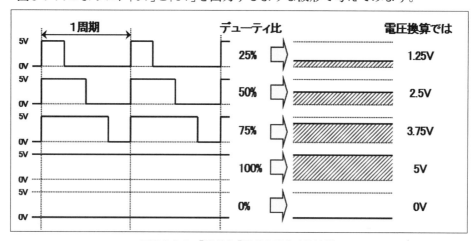

図3-1-14 「0V」と「5V」を出力する波形

1周期に対してONの時間が長ければ長いほど、平均化した値は大きくなります。
すべて「5V」にすれば、もちろん平均化しても「5V」となり、これが最大の電圧です。

では、ONの時間を半分の「50％」にするとどうでしょうか。
平均化すると「5V×0.5＝2.5V」と、あたかも電圧が変わったようになります。

このようにONにする時間を1周期の「90％、80％…0％」にすると、徐々に平均した電圧が下がっていき、最後には「0V」になります。
この信号をモータに接続すれば、モータの回転スピードも少しずつ変化させることができ、微妙なスピード制御が可能です。
LEDに接続すれば、LEDの明るさを変えることもできます。

「RZ/A1H」はONとOFFの切り替え作業を、1秒間に数千〜数万回行なうことができます。
このオーダでの制御になると、非常にスムーズなモータ制御が可能です。

＊

[3-1] 「GR-PEACHマイコンカー」の概要

なぜ「電圧制御」ではなく「パルス幅制御」でモータのスピードを制御するのでしょうか。

「RZ/A1H」は、「0」か「1」かのデジタル値の取り扱いは大変得意ですが、「何V」というアナログ的な値の取り扱いは不得意です。

そのため、「0」と「1」の幅を変えて、あたかも電圧制御しているように振る舞います。これが「PWM制御」です。

●モータの回し方(電圧と動作の関係)

「マイコンカー」を制御するには、モータを「正転、逆転、停止」させる必要があります。

これらの状態は、下表のようにモータの端子に加える電圧を変えることによって行ないます。

表3-1-10 正転、逆転、停止

動 作	端子1	端子2
正 転	GND接続	VBAT接続
逆 転	VBAT接続	GND接続
停 止	(後述)	

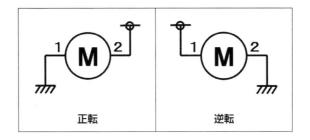

正転 / 逆転

*

停止には、「ブレーキ」と「フリー」の2種類があります。

「ブレーキ」は、端子間をショートさせてモータの発電作用(逆起電力)を利用し、モータを素早く止める方法です。

「フリー」は、モータの「端子1」、または「端子2」のどちらか(または両方)を無接続にすることによって、モータの回転が自然と止まる動作です。

表3-1-11 ブレーキ、フリー

動　作	端子1	端子2
ブレーキ	GND接続	GND接続
フリー	＋接続またはGND接続	無接続
フリー	無接続	＋接続またはGND接続

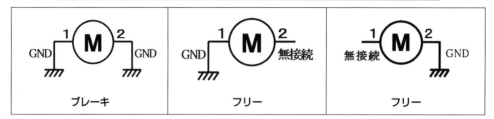

「正転」から「ブレーキ」動作にしたとき、「正転」から「フリー」動作にしたときのスピードの落ち方の違いを、図3-1-15に示します。

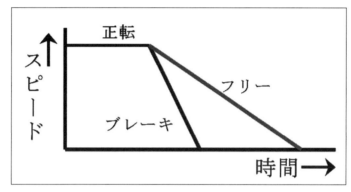

図3-1-15　「ブレーキ」と「フリー」の減速比較

「フリー」は「ブレーキ」と比べて、スピードの減速が緩やかです。

「フリー」は、スピードをゆっくり落としたい場合や負荷をかけたくない場合などに利用します。

●Hブリッジ回路

モータを正転、逆転、ブレーキ、フリーにするには、図3-1-16のように、モータを中心としてH型に4つのスイッチを付けます(その形から「Hブリッジ回路」と呼ばれています)。

この4つのスイッチのONとOFFをそれぞれ切り替えることで、正転、逆転、ブレーキ、フリーの制御を行ないます。

[3-1] 「GR-PEACHマイコンカー」の概要

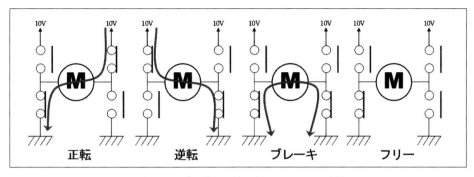

図3-1-16 「Hブリッジ回路」によるモータ制御

●スイッチを「FET」にする

　実際の回路では、前記のスイッチ部に「FET」を使います（図3-1-17）。

　電源のプラス側に「PチャネルFET」（2SJタイプ）、マイナス側に「NチャネルFET」（2SKタイプ）を利用します。

　「PチャネルFET」は、VG（ゲート電圧）＜VS（ソース電圧）のとき、D-S（ドレイン－ソース）間に電流が流れます。

　「NチャネルFET」は、VG（ゲート電圧）＞VS（ソース電圧）のとき、D-S（ドレイン－ソース）間に電流が流れます。

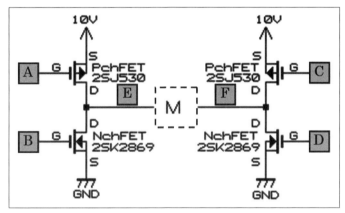

図3-1-17 「PチャネルFET」「NチャネルFET」を使って回路を作る

　これら4つの「FET」のゲートに加える電圧を変えることで、モータは正転、逆転、ブレーキ、フリーの動作を行ないます。

　「FET A～D」のゲートに「0V」または「10V」を加えたときの動作を、次の表に示します。

第3章 実践編「マイコンカー」を走らせよう

表3-1-12　各FETのゲートに「0V」または「10V」を加えたときの動作

A	B	C	D	FET Aの動作	FET Bの動作	FET Cの動作	FET Dの動作	Eの電圧	Fの電圧	モータ動作
0V	0V	0V	0V	ON	OFF	ON	OFF	10V	10V	ブレーキ
0V	0V	0V	10V	ON	OFF	ON	ON	10V	ショート	設定不可
0V	0V	10V	0V	ON	OFF	OFF	OFF	10V	フリー	フリー
0V	0V	10V	10V	ON	OFF	OFF	ON	10V	0V	逆転
0V	10V	0V	0V	ON	ON	ON	OFF	ショート	10V	設定不可
0V	10V	0V	10V	ON	ON	ON	ON	ショート	ショート	設定不可
0V	10V	10V	0V	ON	ON	OFF	OFF	ショート	フリー	設定不可
0V	10V	10V	10V	ON	ON	OFF	ON	ショート	0V	設定不可
10V	0V	0V	0V	OFF	OFF	ON	OFF	フリー	10V	フリー
10V	0V	0V	10V	OFF	OFF	ON	ON	フリー	ショート	設定不可
10V	0V	10V	0V	OFF	OFF	OFF	OFF	フリー	フリー	フリー
10V	0V	10V	10V	OFF	OFF	OFF	ON	フリー	0V	フリー
10V	10V	0V	0V	OFF	ON	ON	OFF	0V	10V	正転
10V	10V	0V	10V	OFF	ON	ON	ON	0V	ショート	設定不可
10V	10V	10V	0V	OFF	ON	OFF	OFF	0V	フリー	フリー
10V	10V	10V	10V	OFF	ON	OFF	ON	0V	0V	ブレーキ

「モータ動作」の項目にある「設定不可」の部分は、回路がショートするため、設定してはいけません。

たとえば、「A=10V、B=0V、C=0V、D=10V」のときは、次の図のように右側の「PチャネルFET」と「NチャネルFET」がVBAT（＋側）から0[V]まで直接つながり、ショートと同じ状態になってしまいます。

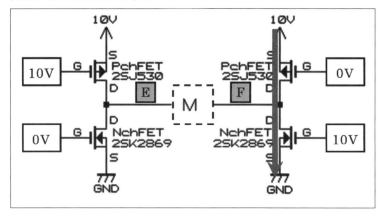

図3-1-18　「A=10V、B=0V、C=0V、D=10V」のときの回路状態

●スピード制御

正転するスピードを変えたい場合、「正転→ブレーキ→正転→ブレーキ…」を高速に繰り返します。

本書では、「正転→ブレーキ」の1周期を「1[ms]」間で行ない、正転とブレーキの割合を変えることでスピードを変化させます。

[3-1] 「GR-PEACHマイコンカー」の概要

　正転とブレーキを繰り返すときの4つの「FET」のゲート電圧を**表3-1-13**に、電流の流れを**図3-1-19**に示します。

表3-1-13　正転とブレーキを繰り返す場合の、各FETのゲート電圧

A	B	C	D	FET A の動作	FET B の動作	FET C の動作	FET D の動作	Eの電圧	Fの電圧	モータ動作
0V	0V	0V	0V	ON	OFF	ON	OFF	10V	10V	ブレーキ
10V	10V	0V	0V	OFF	ON	ON	OFF	0V	10V	正転

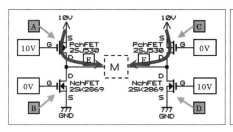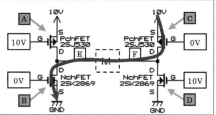

図3-1-19　ブレーキ動作(左)と正転動作(右)

●正転とブレーキの切り替え時にショートしてしまう

　この回路を実際に組んで「PWM波形」を加えて動作させると、「FET」が非常に熱くなってしまいます。どうしてでしょうか。

　「FET」のゲートから信号を入力し、ドレイン-ソース間がON/OFFするとき、次ページ**図3-1-20**のように、「PチャネルFET」と「NチャネルFET」がすぐに反応して、ブレーキと正転がスムーズに切り替わるように思えます。

　しかし、実際はすぐには動作せず「遅延時間」があります。
　この「遅延時間」は、「FET」がOFF→ONのときより、ON→OFFのときのほうが長くなっています。
　そのため、次ページ**図3-1-21**のように、短い時間ですが両「FET」がONとなり、ショートと同じ状態になってしまいます。

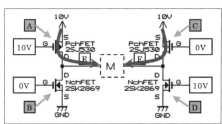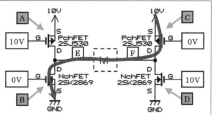

図3-1-20　理想的な波形　　　　図3-1-21　実際の波形

　ONしてから実際に反応し始めるまでの遅延を「ターン・オン遅延時間」、ONになり始めてから実際にONになるまでを「上昇時間」、OFFしてから実際に反応し始めるまでの遅延を「ターン・オフ遅延時間」、OFFになり始めてから実際にOFFになるまでを「下降時間」と言います。

第3章 実践編 「マイコンカー」を走らせよう

　実際にOFF→ONするまでの時間は「ターン・オン遅延時間＋上昇時間」、ON→OFFするまでの時間は「ターン・オフ遅延時間＋下降時間」となります。**図3-1-21**に出ている遅れの時間は、これらの時間のことです。

　参考までに、ルネサスエレクトロニクス製「FET」である「2SJ530」と「2SK2869」の電気的特性を次の表に示します。

表3-1-14 「2SJ530」(Pチャネル)の電気的特性表

電気的特性 (Ta=25℃)

項目	記号	Min	Typ	Max	単位	測定条件
ドレイン・ソース破壊電圧	$V_{(BR)DSS}$	-60	—	—	V	$I_D=-10mA, V_{GS}=0$
ゲート・ソース破壊電圧	$V_{(BR)GSS}$	±20	—	—	V	$I_G=±100\mu A, V_{DS}=0$
ドレイン遮断電流	I_{DSS}	—	—	-10	μA	$V_{DS}=-60V, V_{GS}=0$
ゲート遮断電流	I_{GSS}	—	—	±10	μA	$V_{GS}=±16V, V_{DS}=0$
ゲート・ソース遮断電圧	$V_{GS(off)}$	-1.0	—	-2.0	V	$V_{DS}=-10V, I_D=-1mA$
順伝達アドミタンス	$|y_{fs}|$	6.5	11	—	S	$I_D=-8A, V_{DS}=-10V$ 注4
ドレイン・ソースオン抵抗	$R_{DS(on)}$	—	0.08	0.10	Ω	$I_D=-8A, V_{GS}=-10V$ 注4
ドレイン・ソースオン抵抗	$R_{DS(on)}$	—	0.11	0.16	Ω	$I_D=-8A, V_{GS}=-4V$ 注4
入力容量	Ciss	—	850	—	pF	$V_{DS}=-10V, V_{GS}=0$
出力容量	Coss	—	420	—	pF	f = 1MHz
帰還容量	Crss	—	110	—	pF	
ターン・オン遅延時間	td(on)	—	12	—	ns	$V_{GS}=-10V, I_D=-8A$
上昇時間	tr	—	75	—	ns	$R_L=3.75Ω$
ターン・オフ遅延時間	td(off)	—	125	—	ns	
下降時間	tf	—	75	—	ns	
ダイオード順電圧	V_{DF}	—	-1.1	—	V	$I_F=-15A, V_{GS}=0$
逆回復時間	trr	—	70	—	ns	$I_F=-15A, V_{GS}=0$, diF/dt = 50A/μs

注) 4. パルス測定

OFF→ONは87ns遅れる
ON→OFFは200ns遅れる

表3-1-15 「2SK2869」(Nチャネル)の電気的特性

電気的特性 (Ta=25℃)

項目	記号	Min	Typ	Max	単位	測定条件
ドレイン・ソース破壊電圧	$V_{(BR)DSS}$	60	—	—	V	$I_D=10mA, V_{GS}=0$
ゲート・ソース破壊電圧	$V_{(BR)GSS}$	±20	—	—	V	$I_G=±100\mu A, V_{DS}=0$
ドレイン遮断電流	I_{DSS}	—	—	10	μA	$V_{DS}=60V, V_{GS}=0$
ゲート遮断電流	I_{GSS}	—	—	±10	μA	$V_{GS}=±16V, V_{DS}=0$
ゲート・ソース遮断電圧	$V_{GS(off)}$	1.5	—	2.5	V	$V_{DS}=10V, I_D=1mA$
順伝達アドミタンス	$|y_{fs}|$	10	16	—	S	$I_D=10A, V_{DS}=10V$*1
ドレイン・ソースオン抵抗	$R_{DS(on)}$	—	0.033	0.045	Ω	$I_D=10A, V_{GS}=10V$*1
ドレイン・ソースオン抵抗	$R_{DS(on)}$	—	0.055	0.07	Ω	$I_D=10A, V_{GS}=4V$*1
入力容量	Ciss	—	740	—	pF	$V_{DS}=10V, V_{GS}=0$
出力容量	Coss	—	380	—	pF	f = 1MHz
帰還容量	Crss	—	140	—	pF	
ターン・オン遅延時間	td(on)	—	10	—	ns	$V_{GS}=10V, I_D=10A$
上昇時間	tr	—	110	—	ns	$R_L=3Ω$
ターン・オフ遅延時間	td(off)	—	105	—	ns	
下降時間	tf	—	120	—	ns	
ダイオード順電圧	VDF	—	1.0	—	V	$I_F=20A, V_{GS}=0$
逆回復時間	trr	—	40	—	ns	$I_F=20A, V_{GS}=0$, diF/dt = 50A/μs

注) 1. パルス測定

OFF→ONは120ns遅れる
ON→OFFは225ns遅れる

[3-1] 「GR-PEACH マイコンカー」の概要

●短絡を防止する方法

解決策としては、図3-1-22の回路図にある「PチャネルFET」と「NチャネルFET」を同時にON/OFFするのではなく、少し時間をズラしてON/OFFさせることでショートしないようにします。

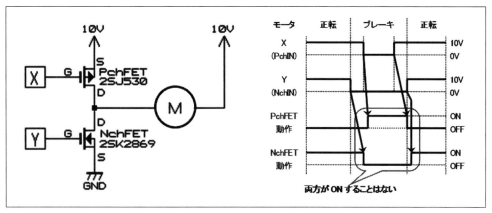

図3-1-22　ON/OFFの時間をズラす

動作の流れを、以下に示します。

①「NチャネルFET」をOFF

「PチャネルFET」をONするより先に、「NチャネルFET」のゲート電圧を10V→0Vにします。

225ns後にOFFになります（フリー状態です）。

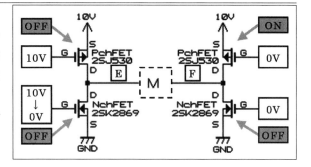

②「PチャネルFET」をON

次に、「PチャネルFET」のゲート電圧を10V→0Vにします。

87ns後にONになります（ブレーキ状態です）。

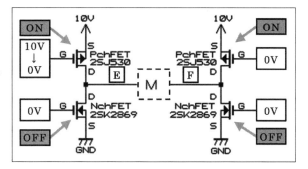

③「PチャネルFET」をOFF

次に、「PチャネルFET」のゲート電圧を0V→10Vにします。

200ns後にOFFになります（フリー状態です）。

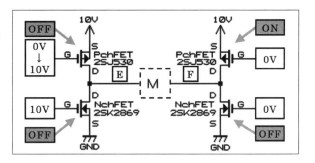

④「NチャネルFET」をON

次に、「NチャネルFET」のゲート電圧を0V→10Vにします。

120ns後にONします（正転状態です）。

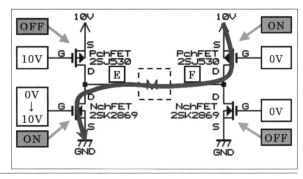

●「Pチャネル」と「Nチャネル」の短絡防止回路

この時間をズラす部分を、積分回路で作ります（図3-1-23）。

積分回路については、多数の専門書があるので、そちらを参照してください。

＊

以下に、積分回路を示します。

遅延時間は、

T＝CR [s]
T:時定数　C：コンデンサ　R：抵抗

で計算することができます。

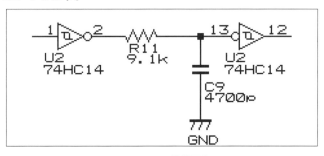

図3-1-23　積分回路

ここでは9.1kΩ、4700pFなので、計算すると、

$T = (9.1 \times 10^3) \times (4700 \times 10^{-12}) = 42.77 [\mu s]$

となります。

[3-1] 「GR-PEACHマイコンカー」の概要

「74HC」シリーズは「3.5V」以上の入力電圧があると、「1」と見なします。

実際に波形を観測し、「3.5V」になるまでの時間を計ると「約50μs」になりました（図3-1-24）。

先ほどの「実際の波形」の図では最高でも「225ns」のズレしかありませんが、積分回路では「50μs」の遅延時間を作っています。

これは、「FET」以外にも、その前段にある電圧変換用の「FET」の遅延時間、「FET」のゲートのコンデンサ成分による遅れなどを含めたためです。

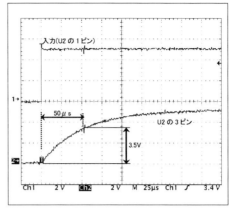

図3-1-24 入力電圧が「3.5V」になるまでの時間

「積分回路」と「FET」を合わせた回路は、図3-1-25のようになります。

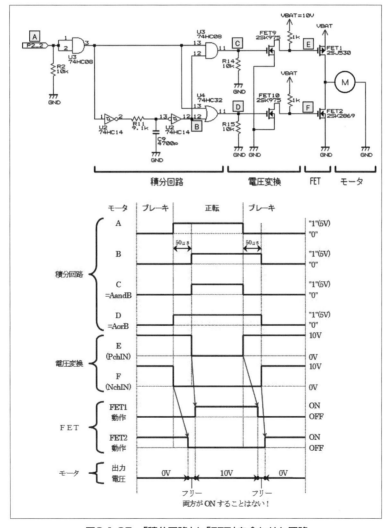

図3-1-25 「積分回路」と「FET」を合わせた回路

・ブレーキ→正転に変えるとき
①A点の信号は「0」でブレーキ、「1」で正転です。A点の出力を「0」(ブレーキ)から「1」(正転)に変えます。
②B点は積分回路によって、「50μs」遅れた波形が出力されます。
③C点は、「A and B」の波形が出力されます。
④D点は、「A or B」の波形が出力されます。
⑤E点は、「FET9」で電圧変換された信号が出力されます。C点の「0V-5V信号」が「10V-0V信号」に変換されます。
⑥F点も同様にD点の「0V-5V信号」が「10V-0V信号」へと変換されます。
⑦A点の信号を「0」→「1」に変えると、「FET2」のゲートが「10V→0V」となり、「FET2」はOFFになります。ただし、「遅延時間」があるため遅れてOFFになります。
　この時点では、「FET1」「FET2」ともにOFF状態のため、モータはフリー状態となります。
⑧A点の信号を変えてから「50μs」後、こんどは「FET1」のゲートが「0V→10V」となりONします。10Vがモータに加えられ正転します。

・正転→ブレーキに変えるとき
①A点の信号を「1」(正転)から「0」(ブレーキ)に変えると、「FET1」のゲート電圧が「0V」から「VBAT」になり、「FET1」はOFFになります。
　ただし、遅延時間があるため遅れてOFFになります。この時点では、「FET1」も「FET2」もOFF状態のため、モータはフリー状態となります。
②A点の信号を変えてから「50μs」後、今度は「FET2」のゲートが0V→10VとなりONします。
　「0V」がモータに加えられ、両端子「0V」なのでブレーキ動作になります。

　このように、動作を切り替えるときは、いったん両FETともフリー状態を作って、短絡するのを防いでいます。

※ゲートに加える電圧の「10V」は例です。実際は電源電圧(VBAT)になります。

[3-1] 「GR-PEACHマイコンカー」の概要

●「モータドライブ基板」の回路

実際の回路は、「積分回路」「FET回路」の他に、「正転/逆転切り替え用回路」が付加されています。

図3-1-26の回路は、左モータ用の回路です。

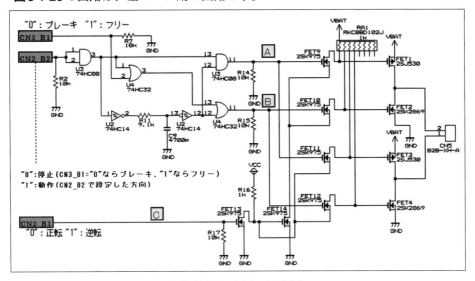

図3-1-26　左モータ用回路

表3-1-16　「モータドライブ基板」の動作

A	B	C	FET 1の ゲート	FET 2の ゲート	FET 2の ゲート	FET 4の ゲート	CN5 2ピン	CN5 1ピン	モータ動作
0	0		10V(OFF)	10V(ON)	10V(OFF)	10V(ON)	0V	0V	ブレーキ
0	1		10V(OFF)	0V(OFF)	10V(OFF)	10V(ON)	フリー(開放)	0V	フリー
1	1	0	0V(ON)	0V(OFF)	10V(OFF)	10V(ON)	10V	0V	正転
0	1		10V(OFF)	0V(OFF)	10V(OFF)	10V(ON)	フリー(開放)	0V	フリー
0	0		10V(OFF)	10V(ON)	10V(OFF)	10V(ON)	0V	0V	ブレーキ
0	0		10V(OFF)	10V(ON)	10V(OFF)	10V(ON)	0V	0V	ブレーキ
0	1		10V(OFF)	10V(ON)	10V(OFF)	0V(OFF)	0V	フリー(開放)	フリー
1	1	1	10V(OFF)	10V(ON)	0V(ON)	0V(OFF)	0V	10V	逆転
0	1		10V(OFF)	10V(ON)	10V(OFF)	0V(OFF)	0V	フリー(開放)	フリー
0	0		10V(OFF)	10V(ON)	10V(OFF)	10V(ON)	0V	0V	ブレーキ
0	1		10V(OFF)	0V(OFF)	10V(OFF)	10V(ON)	フリー(開放)	0V	フリー
0	1		10V(OFF)	0V(OFF)	10V(OFF)	10V(ON)	フリー(開放)	0V	フリー
1	1	0	0V(ON)	0V(OFF)	10V(OFF)	10V(ON)	10V	0V	正転
0	1		10V(OFF)	0V(OFF)	10V(OFF)	10V(ON)	フリー(開放)	0V	フリー
0	1		10V(OFF)	0V(OFF)	10V(OFF)	10V(ON)	フリー(開放)	0V	フリー

※ A,B,C：″0″=0V、″1″=5V

第3章 実践編 「マイコンカー」を走らせよう

●「サーボモータ」の動作原理

　サーボは周期「16[ms]」のパルスを加え、そのパルスのON幅でサーボの角度が決まります。

　サーボの「回転角度」と「ONのパルス幅」の関係は、サーボのメーカーや個体差によって多少の違いがありますが、ほとんどが**図3-1-27**のような関係になります。

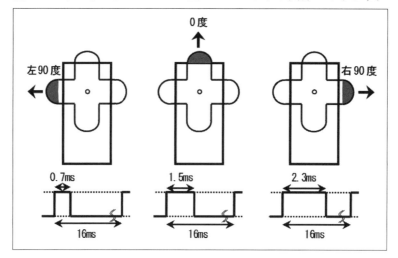

図3-1-27　「回転角度」と「ONのパルス幅」の関係

・周期は16[ms]
・中心は1.5[ms]のONパルス、±0.8[ms]で±90度のサーボ角度変化

　「RZ/A1H」の「MTU2_0」の「PWMモード1」でPWM信号を生成して、サーボモータを制御します。

●サーボモータの制御回路

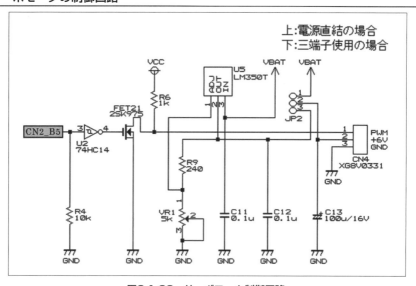

図3-1-28　サーボモータ制御回路

①「CN2_B5」からPWM信号を出力。
②「CN2」と「サーボの1ピン」の間に「FET」を入れて、バッファとします。

「CN2_B5」と「サーボの1ピン」が直結のとき、「CN4の1ピン」に間違って＋電源を接続し、ノイズが混入した場合、「CN2_B5」に接続されている「RZ/A1H」の端子を壊してしまう可能性があります。

壊れてしまったら「GR-PEACH」を交換しなければいけません。「FET」が壊れたなら、簡単に交換できます。

③「CN4の2ピン」には、「サーボ用電源」を供給。

「モータ用電源」が電池4本の場合、「JP2の1-2ピン」間をショートして電源と直結します。それ以上の電圧の場合、サーボの定格を超えるので、「LM350」という3Aの電流を流せる三端子レギュレータを使って、電圧を「6V一定」にします。

「JP2」は2-3ピン間をショートさせます。

3-2 「割り込み」を使ったタイマ

■概要

LEDの光り方を1秒ごとに替える方法を紹介します。
mbedライブラリで用意されているAPIを使って、正確に時間を計ります。
具体的には、mbedライブラリにある「Ticker」を使って、1msごとに「割り込み」を発生させ、その回数で時間を計ります。

■接続

接続に利用するポート、LEDは次の通りです。

表3-2-1　利用するポート

RZ/A1Hのポート	接続内容
P6_13 / P6_14 / P6_15	GR-PEACHのLED (RGB)

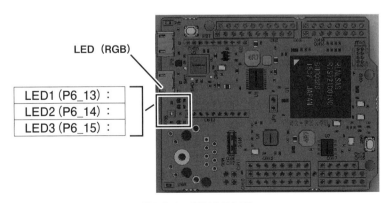

図3-2-1　利用するLED

●操作方法

電源を入れると「GR-PEACH」上のLEDが点滅します。
LEDの点滅の仕方をよく観察してください。

■「Interrupt_Timer_LED」プロジェクトをインポートする

[1] 検索ボックスに「Micon Car Rally」と入力し、検索。

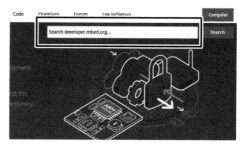

[2]「Teams / Micon Car Rally」をクリック。

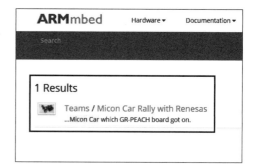

[3]「Interrupt_Timer_LED」をクリック。

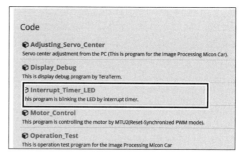

[4]「Import this program」をクリックし、プログラムをインポート。

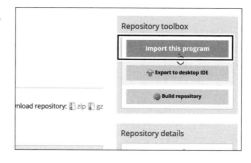

[3-2] 「割り込み」を使ったタイマ

[5]「Import」をクリック。

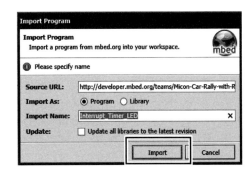

[6]「main.cpp」をクリックするとソースプログラムが表示されるので、「コンパイル」をクリック。

コンパイルが終わったら、binファイルをMBEDストレージにドラッグ＆ドロップ。

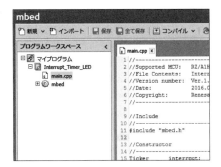

■ プログラムについて

「Interrupt_Timer_LED」のプログラムの内容で、ポイントとなる部分を解説します。

●Ticker（割り込み関数の設定）

mbedライブラリで用意されている「Ticker」クラスを使って、一定時間ごとに繰り返し割り込みを発生させます。

今回は、「1ms」ごとに割り込みを発生しています。

・intTimer（1msごとに実行される関数）

「Ticker」クラスを使って、「1ms」ごとに割り込みを発生させます。

「intTimer」関数は、この割り込みが発生したときに実行する関数です。

```
44 :    //Interrupt Timer
45 :    //--------------------------------------------------------//
46 :    void intTimer( void )
47 :    {
48 :        cnt_timer++;
49 :    }
```

109

46行目	割り込みにより実行する関数。 割り込み関数は、引数、戻り値ともに指定することはできません。すなわち、「void 関数名(void)」である必要があります。
48行目	「cnt_timer」変数を「＋1」します。 この関数は1msごとに実行されるので、「cnt_timer」は1msごとに「＋1」されることになります。

・クラスの定義

「Ticker」クラスの変数名を宣言します。

Ticker　　　変数名;

変数名を記述して、「Ticker」クラスのオブジェクトを生成します。

今回は、割り込みにちなんで、「interrput」というオブジェクトを生成します。

```
13 :    //Constructor
14 :    //----------------------------------------------------//
15 :    Ticker       interrput;
```

・「割り込み関数」の設定

「Ticker」クラスのメンバー「attach」を使って、「割り込み関数」と「割り込みを発生させる間隔」を設定します。

interrupt . attach (割り込み関数のアドレス , 割り込みの間隔);
　　　　　↑
　　　"."演算子を入れる

メンバーを使う場合は、構造体と同じようにドット演算子「.」で記述し、「attach」の引数に、「割り込み関数のアドレス」と「割り込みの間隔」を設定します。

関数のアドレスは、「&」演算子を関数名の前に付けて、引数にアドレスを渡します。

割り込みの間隔は、「1ms」を設定します。設定は、秒単位のfloat型で指定します。

```
33 :        /* Initialize MCU functions */
34 :        interrput.attach(&intTimer, 0.001);
```

[3-2]「割り込み」を使ったタイマ

●関数一覧

プロジェクト「Interrupt_Timer_LED」の「main.cpp」プログラムで宣言されている関数を、以下に示します。

void intTimer(void);関数	
書式	void intTimer(void);
内容	割り込みが発生したときに、実行される関数。 この関数は、「Ticker」クラスによって「0.001秒」ごとに実行されます。 例では、0.001秒ごとに「cnt_timer」変数にインクリメントしています。

例	```
	        //Globle
	//--//
	volatile unsigned long cnt_timer;
	
	（中略）
	
	//Interrupt Timer
	//--//
	void intTimer(void)
	{
	    cnt_timer++;
	}
	``

timer関数	
書式	void timer(unsigned long timer_set);
内容	時間稼ぎをする関数。
引数	時間稼ぎをする時間([ms]単位)。
例	`timer(2000);      //2000msの時間稼ぎ`

第3章 実践編 「マイコンカー」を走らせよう

3-3 「モータ」を回してみよう(MTU2を使ったリセット同期PWMモード)

■ 概要

ここでは、マイコンカーラリー販売(http://www2.himdx.net/mcr/)で販売されている「モータドライブ基板Ver.5」の左モータ、右モータの回転を制御する方法を紹介します。

プログラムで、左モータ、右モータのそれぞれを正転、停止、逆転させることができます。
また、正転、停止、逆転は、「ゆっくり正転」「速めに逆転」など、プログラムでスピードを制御することが可能です。
速度制御は、「MTU2_3」「MTU2_4」による「リセット同期PWMモード」を利用します。

■ 接続

接続に利用するポートは、次の通りです。

表3-3-1 使用するポート

RZ/A1Hのポート	接 続
P4_7 / P4_6 / P4_5 / P4_4	モータドライブ基板Ver.5のCN2

●接続例

「GR-PEACH」と「GR-PEACH Shield for MCR基板」を重ねて、「GR-PEACH Shield for MCR基板」と「モータドライブ基板Ver.5」をフラットケーブルで接続します。

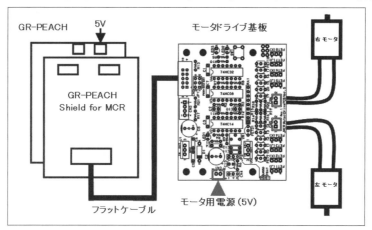

図3-3-1 接続図

[3-3] 「モータ」を回してみよう（MTU2を使ったリセット同期PWMモード）

●操作方法

電源を入れると左右のモータが動き出します。右モータ、左モータの動きをよく観察してください。

また、モータ付属のギヤボックスやタイヤなどは、浮かせた状態で実験してください。

■「Motor_Control」プロジェクトをインポート

[1] 検索ボックスに「Micon Car Rally」と入力し、検索。

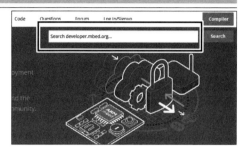

[2] 「Teams / Micon Car Rally」をクリック。

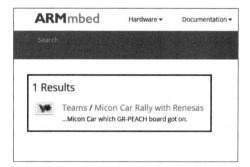

[3] 「Motor_Control」をクリック。

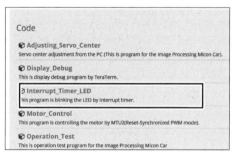

[4] 「Import this program」をクリックし、プログラムをインポート。

[5]「Import」をクリック。

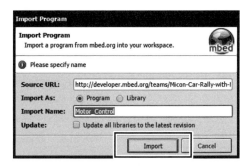

[6]「main.cpp」をクリックすると、ソースプログラムが表示されるので、「コンパイル」をクリック。
　コンパイルが終わったら、binファイルをMBEDストレージへドラッグ＆ドロップ。

■ プログラムについて

「Motor_Control」のプログラムの内容で、ポイントとなる部分を解説します。

●init_MTU2_PWM_Motor(MTU2_のリセット同期PWMモードの設定)

「MTU2_3」「MTU2_4」のリセット同期PWMモードの設定を行ないます。

```
19 :    //Define
20 :    //----------------------------------------------------------//
21 :    //Motor PWM cycle
22 :    #define     MOTOR_PWM_CYCLE    33332    /* Motor PWM period  */
23 :                                            /* 1ms    P0φ/1 = 0.03us */

(中略)

68 :    //Initialize MTU2 PWM functions
69 :    //----------------------------------------------------------//
70 :    //MTU2_3, MTU2_4
71 :    //Reset-Synchronized PWM mode
72 :    //TIOC4A(P4_4) :Left-motor
73 :    //TIOC4B(P4_5) :Right-motor
74 :    //----------------------------------------------------------//
75 :    void init_MTU2_PWM_Motor( void )
76 :    {
77 :        /* Port setting for S/W I/O Contorol */
78 :        /* alternative mode       */
```

[3-3] 「モータ」を回してみよう（MTU2を使ったリセット同期PWMモード）

```
 79 :
 80 :        /* MTU2_4 (P4_4)(P4_5)  */
 81 :        GPIOPBDC4   = 0x0000;        /* Bidirection mode disabled*/
 82 :        GPIOPFCAE4 &= 0xffcf;        /* The alternative function of a pin */
 83 :        GPIOPFCE4  |= 0x0030;        /* The alternative function of a pin */
 84 :        GPIOPFC4   &= 0xffcf;        /* The alternative function of a pin */
 85 :                                     /* 2nd altemative function/output     */
 86 :        GPIOP4     &= 0xffcf;        /*                                    */
 87 :        GPIOPM4    &= 0xffcf;        /* p4_4,P4_5:output                   */
 88 :        GPIOPMC4   |= 0x0030;        /* P4_4,P4_5:double                   */
 89 :
 90 :        /* Mosule stop 33(MTU2) canceling */
 91 :        CPGSTBCR3  &= 0xf7;
 92 :
 93 :        /* MTU2_3 and MTU2_4 (Motor PWM) */
 94 :        MTU2TCR_3   = 0x20;          /* TCNT Clear(TGRA), P0φ/1  */
 95 :        MTU2TOCR1   = 0x04;          /*                                    */
 96 :        MTU2TOCR2   = 0x40;          /* N L>H  P H>L                       */
 97 :        MTU2TMDR_3  = 0x38;
                                          /* Buff:ON Reset-Synchronized PWM mode */
 98 :        MTU2TMDR_4  = 0x30;          /* Buff:ON                            */
 99 :        MTU2TOER    = 0xc6;          /* TIOC3B,4A,4B enabled output */
100 :        MTU2TCNT_3  = MTU2TCNT_4 = 0;    /* TCNT3,TCNT4 Set 0     */
101 :        MTU2TGRA_3  = MTU2TGRC_3 = MOTOR_PWM_CYCLE;
102 :                                     /* PWM-Cycle(1ms)      */
103 :        MTU2TGRA_4  = MTU2TGRC_4 = 0;    /* Left-motor(P4_4) */
104 :        MTU2TGRB_4  = MTU2TGRD_4 = 0;    /* Right-motor(P4_5) */
105 :        MTU2TSTR   |= 0x40;          /* TCNT_4 Start    */
106 : }
```

モータPWMの周期は「1ms」です。

101行目で、「MTU2TGRA_3」「MTU2TGRC_3」に計算結果である「33332」を設定します。

ここでは、**22行目**で「MOTOR_PWM_CYCLE」というPWMの周期を設定する定数を定義して、「MOTOR_PWM_CYCLE」に「33332」を割り当てます。

周期を変更する場合は、**22行目**にある「33332」を変更してください。

・I/Oポートの設定

「MTU2_3」「MTU2_4」のリセット同期PWMモードで、出力するポートの設定をします。

今回、PWMを出力するポートは、「P4_4」「P4_5」です。

「P4_4」「P4_5」を、リセット同期PWMモードの出力端子に設定します。

第3章 実践編 「マイコンカー」を走らせよう

```
77 :        /* Port setting for S/W I/O Contorol */
78 :        /* alternative mode        */
79 :
80 :        /* MTU2_4 (P4_4)(P4_5) */
81 :        GPIOPBDC4   = 0x0000;         /* Bidirection mode disabled*/
82 :        GPIOPFCAE4 &= 0xffcf;         /* The alternative function of a pin */
83 :        GPIOPFCE4  |= 0x0030;         /* The alternative function of a pin */
84 :        GPIOPFC4   &= 0xffcf;         /* The alternative function of a pin */
85 :                                      /* 2nd altemative function/output */
86 :        GPIOP4     &= 0xffcf;         /*                                 */
87 :        GPIOPM4    &= 0xffcf;         /* p4_4,P4_5:output                */
88 :        GPIOPMC4   |= 0x0030;         /* P4_4,P4_5:double                */
89 :
```

81行目	「ポート双方向制御レジスタ」（GPIOPBDC4）です。 このレジスタは、出力バッファが許可状態のときに、入力の「許可／禁止」を指定します。 今回はPWM出力のため入力はないので、「禁止」に設定します。 設定値は、次のようになります。 `GPIOPBDC4 = 0x0000`

82行〜84行目	端子の兼用機能を指定。
	「ポート機能制御レジスタ」（GPIOPFC4）、「ポート機能制御拡張レジスタ」（GPIOPFCE4）、「ポート機能追加拡張レジスタ」（GPIOPFCAE4）の3つのレジスタで指定します。
	ここで使う「TIOC4A（P4_4）」と「TIOC4B（P4_5）」は、第3兼用端子です。ここは、「第3兼用モード」に設定をします。
	設定値は、次のようになります。
	
	`GPIOPFCAE4 = 0xffcf`
	`GPIOPFCE4 |= 0x0030`
	`GPIOPFC4 &= 0xffcf`

86行目	「ポート・レジスタ」（GPIOP4）です。 このレジスタは、出力ポートモード時に端子から出力されるデータを保持します。初期値は、「L」レベルを設定します 設定値は、次のようになります。 `GPIOP4 &= 0xffcf`
87行目	「ポートモード・レジスタ」（GPIOPM4）です。 このレジスタは、端子が「入力モード」か「出力モード」かを指定します。 ここでは、「P4_4」「P4_5」を「出力モード」に設定します。 設定値は、次のようになります。 `GPIOPM4 &= 0xffcf`
88行目	「ポートモード制御レジスタ」（GPIOPMC4）です。 このレジスタは、端子が「ポートモード」か「兼用モード」かを指定します。ここでは、「P4_4」「P4_5」を「兼用モード」に指定します。 設定値は、次のようになります。 `GPIOPMC4 |= 0x0030`

[3-3] 「モータ」を回してみよう（MTU2を使ったリセット同期PWMモード）

・「MTU2_3」「MTU2_4」（リセット同期PWMモード）の設定

「MTU2_3」「MTU2_4」をリセット同期PWMモードに設定し、「P4_4」「P4_5」から1ms周期のPWM出力する設定にします。

```
90 :        /* Mosule stop 33(MTU2) canceling */
91 :        CPGSTBCR3   &=  0xf7;
92 :
93 :        /* MTU2_3 and MTU2_4 (Motor PWM) */
94 :        MTU2TCR_3   = 0x20;         /* TCNT Clear(TGRA), P0φ/1     */
95 :        MTU2TOCR1   = 0x04;         /*                             */
96 :        MTU2TOCR2   = 0x40;         /* N  L>H   P  H>L             */
97 :        MTU2TMDR_3  = 0x38;         /* Buff:ON Reset-Synchronized PWM mode */
98 :        MTU2TMDR_4  = 0x30;         /* Buff:ON                     */
```

91行目	「モジュールストップ・モード」の設定を解除します。 このレジスタは、周辺機能へのクロックの「供給/停止」を制御します（初期値は停止）。 ここでは、「MTU2」を動作するように設定し、設定値は次のようになります。 `CPGSTBCR3 &= 0xf7`
94行目	「タイマコントロール・レジスタ」（MTU2TCR_3）です。 このレジスタは、「TCNT」のカウンタクロック、クロックエッジ、カウンタクリア要因を設定します。ここでは、次のように設定します。 　カウンタクロック：内部クロック「P0φ/1」でカウント（1カウント30ns） 　クロックエッジ　：立ち上がりエッジでカウント 　カウンタクリア　：TGRAのコンペアマッチ また、設定値は、下記のようになります。 `MTU2TCR_3 = 0x20`
95行目	「タイマ・アウトプット・コントロール・レジスタ1」（TOCR1）です。 このレジスタは、「相補PWMモード/リセット同期PWMモード」のPWM周期に同期したトグル出力の「許可/禁止」、およびPWM出力レベル反転の制御を行ないます。 PWMの初期出力を「H」レベルに、コンペアマッチ出力を「L」レベルに設定します。 設定値は、次のようになります。 `MTU2TOCR1 = 0x04`
96行目	「タイマ・アウトプット・コントロール・レジスタ2」（TOCR2）です。 このレジスタの機能は95行目と同じで、設定値は、次のようになります。 `MTU2TOCR2 = 0x40`

第3章 実践編 「マイコンカー」を走らせよう

97行目	「タイマモード・レジスタ」(MTU2TMDR_3)です。 このレジスタは、タイマの動作モードとバッファ動作の設定をします。 タイマモード：リセット同期PWMモード バッファ動作：ON 設定値は、次のようになります。 `MTU2TMDR_3 = 0x38`
98行目	「タイマモード・レジスタ」(MTU2TMDR_4)です。 このレジスタの機能は、97行目と同じです。 バッファ動作：ON 設定値は、次のようになります。 `MTU2TMDR_4 = 0x30`

*

```
19 :    //Define
20 :    //----------------------------------------------------------------//
21 :    //Motor PWM cycle
22 :    #define      MOTOR_PWM_CYCLE      33332    /* Motor PWM period   */
23 :                                              /* 1ms    P0φ/1 = 0.03us */

（中略）

99  :    MTU2TOER  = 0xc6;              /* TIOC3B,4A,4B enabled output */
100 :    MTU2TCNT_3 = MTU2TCNT_4 = 0;   /* TCNT3,TCNT4 Set 0           */
101 :    MTU2TGRA_3 = MTU2TGRC_3 = MOTOR_PWM_CYCLE;
102 :                                   /* PWM-Cycle(1ms)              */
```

99行目	「タイマ・アウトプット・マスタイネーブル・レジスタ」(MTU2TOER)です。 このレジスタは、「チャネル3、4」の出力端子の出力の「許可/禁止」を設定します。 「TIOC4A(P4_4)」「TIOC4B(P4_5)」の出力を許可します。 設定値は、次のようになります。 `MTU2TOER = 0xc6`
100行目	「タイマカウンタ」(MTU2TCNT_3、MTU2TCNT_4)です。 「タイマカウンタ」をスタートする前に、「0」クリアしておきます。 設定値は、次のようになります。 `MTU2TCNT_3 = MTU2TCNT_4 = 0`

[3-3] 「モータ」を回してみよう（MTU2 を使ったリセット同期 PWM モード）

101行目	「タイマジェネラル・レジスタ」(MTU2TGRA_3、MTU2TGRC_3) です。 このレジスタは、リセット同期 PWM モードの周期を設定します。 PWM 周期は、下記の式で決まります。 　PWM 周期＝タイマカウンタのカウントソース×(MTU2TGRA_3＋1) 「MTU2TGRA_3」を左辺に移動して、「MTU2TGRA_3」を求める式に変形します。 　MTU2TGRA_3＝PWM 周期／タイマカウンタのカウントソース ここでは、PWM 周期は「1ms」にします。 「タイマカウンタ」のカウントソースは、「タイマコントロール・レジスタ」(MTU2TCR_3)のカウンタクロックで設定した時間のことです。 ここでは、「30ns」に設定しています。よって「MTU2TGRA_3」は、次のようになります。 　MTU2TGRA_3＝周期／カウントソース－1 　MTU2TGRA_3＝$(1 \times 10^{-3}) / (30 \times 10^{-9})$－1 　MTU2TGRA_3＝33333－1＝33332 「MTU2TGRA_3」の値は、「65535 以下」にする必要があります。ここでの結果は、「65535 以下」なので、「30ns」の設定で大丈夫です。 「65535 以上」になった場合は、「タイマコントロール・レジスタ」(MTU2TCR_3)のカウンタクロックの設定を大きい時間にしてください。 ここでは、22行目で「MOTOR_PWM_CYCLE」に「33332」という値を定義しています。 周期を変えたい場合は、この値を直してください。 設定値は、次のようになります。 　MTU2TGRA_3 = MTU2TGRC_3 = MOTOR_PWM_CYCLE

```
                      *
103 :     MTU2TGRA_4   = MTU2TGRC_4 = 0;      /* Left-motor(P4_4)  */
104 :     MTU2TGRB_4   = MTU2TGRD_4 = 0;      /* Right-motor(P4_5) */
105 :     MTU2TSTR    |= 0x40;                /* TCNT_4 Start      */
```

103行～104行目	「タイマジェネラル・レジスタ」(MTU2TGRA_4、MTU2TGRC_4、MTU2TGRB4、MTU2TGRD_4) です。 「MTU2TGRA_4」と「MTU2TGRC」に値を設定することによって、「P4_4」と「P4_5」端子から出力される PWM 波形の ON 幅を設定します。「P3_10」と「P3_11」端子からは、その反転した波形が出力されます。 「P4_4」端子から出力される PWM 波形の ON 幅は、下記の式で決まります。 　「P4_4」端子から出力される PWM 波形の ON 幅＝タイマカウンタのカウントソース×(MTU2TGRA_4＋1) 「MTU2TGRA_4」を左辺に移動して、「MTU2TGRA_4」を求める式に変形します。 　「MTU2TGRA_4＋1＝P4_4」端子から出力される PWM 波形の ON 幅／タイマカウンタのカウントソース

第3章 実践編 「マイコンカー」を走らせよう

103行～104行目	ここでは、タイマカウントソースは「30ns」です。 たとえば、ON幅を「0.25ms」にするなら、「MTU」2TGRA_4」は次のようになります。 MTU2TGRA_4＋1＝ON幅／カウントソース MTU2TGRA_4＋1＝（0.25×10-3）／（30×10-9） MTU2TGRA_4＝8333－1 MTU2TGRA_4＝8332
105行目	「タイマスタート・レジスタ」（MTU2TSTR）です。 このレジスタは、チャネル0～4の「TCNT」の「動作/停止」を選択します。 「MTU2TCNT_3」を動作設定にします。 設定値は、次のようになります。 MTU2TSTR　　｜＝ 0x40

●関数一覧

プロジェクト「Motor_Control」の「main.cpp」プログラムで宣言されている関数を、下記に示します。

init_MTU2_PWM_Motor関数	
書式	void init_MTU2_PWM_Motor(void);
内容	「MTU2_3」「MTU2_4」を使った、「リセット同期PWMモード」設定の初期化をする関数。
例	`init_MTU2_PWM_Motor();`

motor関数	
書式	void motor(int accele_l, int accele_r);
内容	左モータ、右モータを制御する関数。
引数	「左モータのPWM値、右モータPWM値」が入ります。 PWM値は、 　－1～－100：逆転（1～100％、－100が最高の逆転） 　　　　　0：ブレーキ 　　1～ 100：正転（1～100％、100が最高の正転） となります。 実際にモータに出力されるPWMは、次のように「MAX_SPEED」で設定した割合が含まれます。 　左モータに出力されるPWM＝motor関数で設定した左モータのPWM値×MAX_SPEED 　右モータに出力されるPWM＝motor関数で設定した右モータのPWM値×MAX_SPEED

[3-4] 「サーボモータ」を動かしてみよう（MTU2_0を使ったPWMモード1）

例	`//Motor speed`
	`#define MAX_SPEED 85`
	
	（中略）
	
	`motor( -70 , 100 );`

「MAX_SPEED」の値が「85」のとき、実際の出力される割合は次のようになります。

> 左モータに出力されるPWM＝－70×85/100＝－70×0.8＝－59.5＝－59%
> 右モータに出力されるPWM＝100×85/100＝100×0.8＝85%

MTU2_PWM_Motor_Stop関数

書式	void MTU2_PWM_Motor_Stop(void);
内容	モータPWM出力を禁止し、I/Oポート（P4_4、P4_5）として使用可能にします。
例	`MTU2_PWM_Motor_Stop();`

MTU2_PWM_Motor_Start関数

書式	void MTU2_PWM_Motor_Start(void);
内容	I/Oポート（P4_4、P4_5）としての使用を禁止し、モータにPWMを出力します。
例	`MTU2_PWM_Motor_Start();`

3-4　「サーボモータ」を動かしてみよう（MTU2_0を使ったPWMモード1）

■概要

　ここでは、マイコンカーラリー販売（http://www2.himdx.net/mcr/）で販売されている「モータドライブ基板Ver.5」の「サーボモータ」を制御する（角度を±90度の範囲で変える）方法を紹介します。

　「サーボモータ」制御は、「MTU2_0」によるPWMモード1を利用します。

■接続

　接続に利用するポートは、次の通りです。

表3-4-1　使用ポート

RZ/A1Hのポート	接　続
P4_0	マイコンカー用 「モータドライブ基板Ver.5」を接続

　「GR-PEACH」と「GR-PEACH Shield for MCR基板」を重ね、「GR-PEACH Shield

for MCR基板」と「モータドライブ基板Ver.5」をフラットケーブルで接続します。

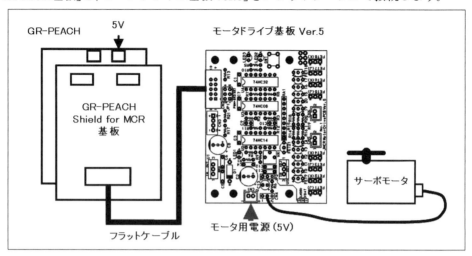

図3-4-1　接続図

●操作方法

電源を入れると「サーボ」が動き出します。

「サーボモータ」の動きをよく観察してください。

■「Servo_Control」プロジェクトをインポート

[1]検索ボックスに「Micon Car Rally」と入力し、検索。

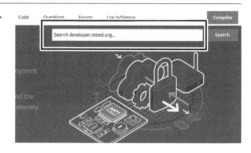

[2]「Teams / Micon Car Rally」をクリック。

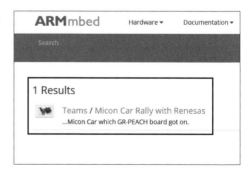

[3-4] 「サーボモータ」を動かしてみよう（MTU2_0を使ったPWMモード1）

[3]「Servo_Control」をクリック。

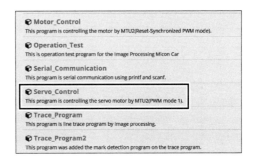

[4]「Import this program」をクリックし、プログラムをインポート。

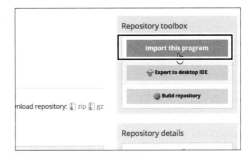

[5]「Import」をクリック。

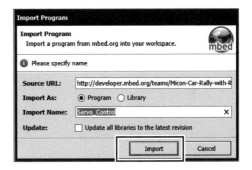

[6]「main.cpp」をクリックすると、ソースプログラムが表示されるので、「コンパイル」をクリック。
　コンパイルが終わったら、binファイルをMBEDストレージにドラッグ＆ドロップ。

123

第3章 実践編「マイコンカー」を走らせよう

■ プログラムについて

「Servo_Control」のプログラムの内容で、ポイントとなる部分を解説します。

●「init_MTU2_PWM_Servo関数」(MTU2_0の設定)

```
19 :    //Define
20 :    //------------------------------------------------------------//
21 :    //Servo PWM cycle
22 :    #define     SERVO_PWM_CYCLE     33332    /* SERVO PWM period */
23 :                                             /* 16ms   P0φ/16 = 0.48us */
24 :    #define     SERVO_CENTER        3124     /* 1.5ms / 0.48us -1 = 3124 */
25 :    #define     HANDLE_STEP         18       /* 1 degree value */
```

22行目	PWM周期を「SERVO_PWM_CYCLE」という名前で定義します。ここでは、PWM周期は「16ms」にします。 「タイマコントロール・レジスタ」(MTU2TCR_0)のカウントソース選択ビットで、「タイマカウンタ」(MTU2TCNT_0)がカウントアップする時間を「480ns」に設定しています。 よって、PWM周期を設定する「タイマジェネラル・レジスタ」(MTU2TGRA_0)に設定する値は次のようになります。 MTU2TGRA_0 ＝PWM周期/タイマカウンタのカウントソース−1 ＝$(16 \times 10^{-3})/(480 \times 10^{-9})-1$ ＝33333−1 ＝33332 よって、「SERVO_PWM_CYCLE」を「33332」として定義します。PWM周期を変えたい場合は、この値を変更してください。
24行目	サーボが「0度」(まっすぐ向く角度)のときの値を、「SERVO_CENTER」という名前で定義します。ここでは、PWMのON幅を「1.5ms」にします。 「P4_0」端子のPWMのON幅を設定する「タイマジェネラル・レジスタ」(MTU2TGRB_0)に設定する値は、次のようになります。 MTU2TGRB ＝P4_0端子から出力されるPWM波形のON幅/タイマカウンタのカウントソース−1 ＝$(1.5 \times 10^{-3})/(480 \times 10^{-9})-1$ ＝3125−1 ＝3124 よって、「SERVO_CENTER」を「3124」として定義します。実際はサーボに個体差があり、「3124」がまっすぐ向く場合はほとんどありません。 サーボのセンタ値を調整する場合は、この値を変更してください。

[3-4]「サーボモータ」を動かしてみよう（MTU2_0 を使った PWM モード 1）

25行目

サーボが1度ぶん動く値を、「HANDLE_STEP」という名前で定義します。
「左90度」の PWM の ON 幅は「0.7ms」、「右90度」の PWM の ON 幅は「2.3ms」です。
この差分を180で割ると、1度当たりの値が計算できます。

＜「左90度」の PWM の ON 幅＞

MTU2TGRB_0
＝P4_0 端子から出力される PWM 波形の ON 幅／タイマカウンタのカウントソース－1
＝$(0.7 \times 10^{-3})/(480 \times 10^{-9}) - 1$
＝1458－1
＝1457

＜「右90度」の PWM の ON 幅＞

MTU2TGRB_0
＝P4_0 端子から出力される PWM 波形の ON 幅／タイマカウンタのカウントソース－1
＝$(2.3 \times 10^{-3})/(400 \times 10^{-9}) - 1$
＝4791-1
＝4790

＜1度当たりの値＞

(右－左)/180
＝(4790－1457)/180
＝18.52
≒18

よって、「HANDLE_STEP」を「18」として定義します。
1度当たりの値を変えたい場合は、この値を変更してください。

・I/O ポートの設定

「MTU2_0」の PWM モード 1 で、出力するポートの設定をします。

今回、PWM を出力するポートは、「P4_0」です。「P4_0」を PWM モード 1 の出力端子に設定します。

```
62 :    //Initialize MTU2 PWM functions
63 :    //----------------------------------------------------------//
64 :    //MTU2_0
65 :    //PWM mode 1
66 :    //TIOC0A(P4_0) :Servo-motor
67 :    //----------------------------------------------------------//
68 :    void init_MTU2_PWM_Servo( void )
69 :    {
70 :        /* Port setting for S/W I/O Contorol */
71 :        /* alternative mode       */
72 :
```

第3章 実践編 「マイコンカー」を走らせよう

```
73 :        /* MTU2_0 (P4_0)            */
74 :        GPIOPBDC4   = 0x0000;       /* Bidirection mode disabled*/
75 :        GPIOPFCAE4 &= 0xfffe;       /* The alternative function of a pin */
76 :        GPIOPFCE4  &= 0xfffe;       /* The alternative function of a pin */
77 :        GPIOPFC4   |= 0x0001;       /* The alternative function of a pin */
78 :                                    /* 2nd alternative function/output */
79 :        GPIOP4     &= 0xfffe;       /*                                   */
80 :        GPIOPM4    &= 0xfffe;       /* p4_0:output                       */
81 :        GPIOPMC4   |= 0x0001;       /* P4_0:double                       */
82 :
```

74行目	「ポート双方向制御レジスタ」(GPIOPBDC4)です。 このレジスタは、出力バッファが許可状態のときに、入力の「許可/禁止」を指定します。 ここでは、PWM出力のため、入力はないので「禁止」に設定します。 設定値は、次のようになります。 `GPIOPBDC4 = 0x0000`

75行～77行目	端子の兼用機能を指定します。
	「ポート機能制御レジスタ」(GPIOPFC4)、「ポート機能制御拡張レジスタ」(GPIOPFCE4)、「ポート機能追加拡張レジスタ」(GPIOPFCAE4)の3つのレジスタで指定します。
	ここで使う「TIOC0A(P4_0)」は、「第2兼用」端子です。ここでは、「第2兼用モード」に設定をします。
	
	設定値は、次のようになります。
	`GPIOPFCAE4 &= 0xfffe`
	`GPIOPFCE4  &= 0xfffe`
	`GPIOPFC4   |= 0x0001`

79行目	「ポート・レジスタ」(GPIOP4)です。 このレジスタは、出力ポートモード時に端子から出力されるデータを保持します。初期値は、「L」レベルを設定します。 設定値は、次のようになります。 `GPIOP4 &= 0xfffe`
80行目	「ポートモード・レジスタ」(GPIOPM4)です。 このレジスタは、端子が「入力モード」か「出力モード」を指定します。 ここでは、「P4_0」を「出力モード」に設定します。 設定値は、次のようになります。 `GPIOPM4 &= 0xfffe`
81行目	「ポートモード制御レジスタ」(GPIOPMC4)です。 このレジスタは、端子が「ポートモード」か「兼用モード」かを指定します。 ここでは、「P4_0」を「兼用モード」に指定します。 設定値は、次のようになります。 `GPIOPMC4 |= 0x0001`

[3-4] 「サーボモータ」を動かしてみよう（MTU2_0を使ったPWMモード1）

・「MTU2_0」(PWMモード1)の設定

「MTU2_0PWMモード1」に設定し、「P4_0」から16ms周期のPWM出力する設定にします。

```
83 :        /* Mosule stop 33(MTU2) canceling */
84 :        CPGSTBCR3  &= 0xf7;
85 :
86 :        /* MTU2_0 (Motor PWM) */
87 :        MTU2TCR_0   = 0x22;      /* TCNT Clear(TGRA), P0φ/16 */
88 :        MTU2TIORH_0 = 0x52;      /* TGRA L>H, TGRB H>L    */
89 :        MTU2TMDR_0  = 0x32;      /* TGRC and TGRD = Buff-mode*/
90 :                                 /* PWM-mode1 */
91 :        MTU2TCNT_0  = 0;         /* TCNT0 Set 0    */
```

84行目	「モジュールストップ・モード」の設定を解除します。 このレジスタは、周辺機能へのクロックの「供給/停止」を制御し、初期値では「MTU2」へのクロック供給は「停止」しています。 ここでは「MTU2」を動作するように設定し、設定値は次のようになります。 `CPGSTBCR3 &= 0xf7`
87行目	「タイマコントロール・レジスタ」(MTU2TCR_0)です。 このレジスタは、「TCNT」のカウンタクロック、クロックエッジ、カウンタクリア要因を設定します。 ここでは、次のように設定します。 カウンタクロック：内部クロック「P0φ/16」でカウント(1カウント480ns) クロックエッジ　：立ち上がりエッジでカウント カウンタクリア　：TGRAのコンペアマッチ 設定値は、次のようになります。 `MTU2TCR_0 = 0x22`
88行目	「タイマI/Oコントロール・レジスタ」(MTU2TIORH_0)です。 このレジスタは、「通常動作」「PWMモード」「位相係数モード」の場合に利用し、PWMの初期出力、コンペアマッチ出力を設定します。 MTU2TGRA_0：初期出力「L」、コンペアマッチ出力「H」 MTU2TGRB_0：初期出力「H」、コンペアマッチ出力「L」 設定値は、次のようになります。 `MTU2TIORH_0 = 0x52`
89行目	「タイマモード・レジスタ」(MTU2TMDR_0)です。 このレジスタは、タイマの動作モードとバッファ動作を設定します。 タイマモード：PWMモード1 バッファ動作：ON 設定値は、次のようになります。 `MTU2TMDR_0 = 0x32`

第3章 実践編 「マイコンカー」を走らせよう

91行目	「タイマカウンタ」(MTU2TCNT_0)です。 「タイマカウンタ」をスタートする前に、「0」クリアしておきます。 設定値は、次のようになります。 `MTU2TCNT_0 = 0`

*

```
92 :        MTU2TGRA_0 = MTU2TGRC_0 = SERVO_PWM_CYCLE;
93 :                                              /* PWM-Cycle(16ms)  */
94 :        MTU2TGRB_0 = MTU2TGRD_0 = 0;          /* Servo-motor(P4_0) */
95 :        MTU2TSTR  |= 0x01;                    /* TCNT_0 Start     */
```

92行目	「タイマジェネラル・レジスタ」(MTU2TGRA_0、MTU2TGRC_0)です。
	このレジスタは、PWMモード1の周期を設定します。
	
	PWM周期は、次の式で決まります。
	
	`PWM周期＝タイマカウンタのカウントソース×(MTU2TGRA_0＋1)`
	
	「MTU2TGRA_0」を左辺に移動して、「MTU2TGRA_0」を求める式に変形します。
	
	`MTU2TGRA_0＝PWM周期/タイマカウンタのカウントソース`
	ここでは、PWM周期を「16ms」にします。
	
	「タイマカウンタ」のカウントソースは、「タイマコントロール・レジスタ」(MTU2TCR_0)のカウンタクロックで設定した時間のことです。
	ここでは、「480ns」に設定しています。
	
	よって「MTU2TGRA_0」は、次のようになります。
	
	MTU2TGRA_0＝周期/カウントソース－1
	MTU2TGRA_0＝$(16 \times 10^{-3})/(480 \times 10^{-9})$－1
	MTU2TGRA_0＝33333－1＝33332
	
	「MTU2TGRA_0」の値は、「65535以下」にする必要があります。
	ここでの結果は「65535以下」なので、「480ns」の設定で大丈夫です。
	「65535以上」になった場合は、「タイマコントロール・レジスタ」(MTU2TCR_0)のカウンタクロックの設定を、大きい時間にしてください。
	
	このプログラムでは、**22行目**で「SERVO_PWM_CYCLE」に「33332」という値を定義しています。周期を変えたい場合は、この値を直してください。
	
	設定値は、次のようになります。
	
	`MTU2TGRA_0 = MTU2TGRC_0 = SERVO_PWM_CYCLE`

[3-4] 「サーボモータ」を動かしてみよう（MTU2_0を使ったPWMモード1）

94行目	「タイマジェネラル・レジスタ」(MTU2TGRB_0、MTU2TGRD_0)です。「MTU2TGRB_0」と「MTU2TGRD_4」に値を設定することによって、「P4_0」端子から出力されるPWM波形のON幅を設定します。 「P4_0」端子から出力されるPWM波形のON幅は、次の式で決まります。 P4_0端子から出力されるPWM波形のON幅 ＝タイマカウンタのカウントソース×(MTU2TGRB_0＋1) 「MTU2TGRB_0」を左辺に移動して、「MTU2TGRB_0」を求める式に変形します。 MTU2TGRA_0＋1 ＝P4_0端子から出力されるPWM波形のON幅／タイマカウンタのカウントソース タイマカウントソースは「480ns」です。 たとえば、ON幅を「1.75ms」にするなら、「MTU2TGRB_0」は次のようになります。 MTU2TGRB_0＋1＝ON幅／カウントソース MTU2TGRB_0＋1＝$(1.75 \times 10^{-3})/(480 \times 10^{-9})$ MTU2TGRB_0＝3645−1 MTU2TGRB_0＝3644
95行目	「タイマスタート・レジスタ」(MTU2TSTR)です。 このレジスタは、チャネル0〜4の「TCNT」の「動作／停止」を選択します。 「MTU2TCNT_0」を動作設定にします。 設定値は、次のようになります。 MTU2TSTR　 |= 0x40

●関数一覧

プロジェクト「Servo_Control」の「main.cpp」プログラムで宣言されている関数を下記に示します。

init_MTU2_PWM_Servo関数

書式	void init_MTU2_PWM_Servo(void);
内容	「MTU2_0」を使った、「PWMモード1」設定の初期化をする関数。
例	`init_MTU2_PWM_Servo();`

handle関数

書式	void handle(int angle);
内容	サーボのハンドル角度を制御する関数。
引数	角度を指定 −1〜−45 ：左へ何度曲げるか指定 　　　　0 ：ハンドルをまっすぐ(0度) 1〜 45 ：右へ何度曲げるか指定
例	`Handle( 5 );　　//右へ5度曲げる`

3-5 カメラで撮影した画像を、PCで確認する

■ 概要

「RZ/A1H」には、「カメラ入力」ができる周辺機能があります。

入力には、「アナログ」(NTSC、PAL)と「デジタル」があり、「GR-PEACH」では、「アナログ入力」端子として、「NTSC_1A」「NTSC_1B」の端子が搭載されています。

今回は、「NTSC_1A」端子にカメラからの映像信号を接続し、画像データを取り込みます。

mbedライブラリには、カメラ入力用のAPIとして「DisplayBase」クラスが用意されているので、このAPIを使って、カメラで撮影した画像を取り込みます。

■ 接続

カメラからの映像信号(NTSC)を「GR-PEACH」で取り込みます。

取り込んだデータは、「RZ/A1H」の内蔵RAMに用意した配列に格納します。

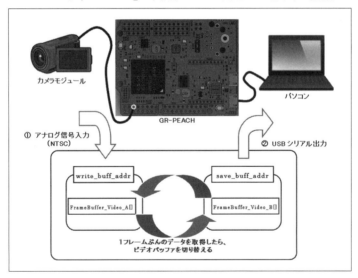

図3-5-1 カメラからの映像信号を取り込む

●操作方法

標準ライブラリに「printf」文が用意されているので、この関数を使って、「GR-PEACH」で取り込んだ画像データを、PCに出力します。

出力したデータは、PC側で「TeraTerm」などの通信ソフトを使って受け取りCSV形式で保存します。

フリーソフトの「csvjpeg.exe」を使うことで、CSVファイルをJPGファイルに変換し、画像を確認します。

[3-5] カメラで撮影した画像を、PCで確認する

■「Operation_Test」プロジェクトをインポート

[1] 検索ボックスに「Micon Car Rally」と入力し、検索。

[2]「Teams / Micon Car Rally」をクリック。

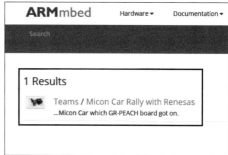

[3]「Operation Test」をクリック。

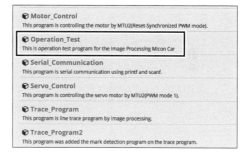

[4]「Import this program」をクリックし、プログラムをインポート。

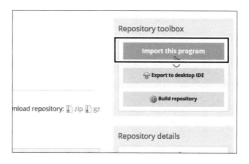

[5]「Import」をクリック。

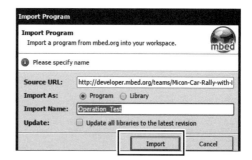

131

[6]「main.cpp」をクリックすると、ソースプログラムが表示されるので、「コンパイル」をクリック。

コンパイルが終わったら、binファイルをMBEDストレージにドラッグ＆ドロップ。

■「CSVファイル⇔JPEGファイル変換システム」のダウンロード

「CSVファイル⇔JPEGファイル変換システム」ソフトをダウンロードします。

[1]インターネットブラウザで「http://www.vector.co.jp/soft/dl/win95/art/se261894.html」にアクセスし、「ダウンロードページへ」をクリック。

[2]「今すぐダウンロード」をクリックし、デスクトップに保存。

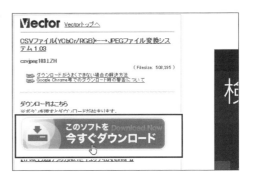

[3]ダウンロードした「csvjpeg103.lzh」を解凍（「103」の部分は、バージョンによって異なる）。

[3-5]　カメラで撮影した画像を、PCで確認する

[4] 新しいテキストファイルを作り、ファイル名を「csv_jpg_convert.bat」に変更する。

[5] 「csv_jpg_convert.bat」を選択し、右クリック→「編集」をクリック。

[6] 「csvjpeg test.csv test.csv.jpg」と入力して保存。

これで、変換ツールの準備は完了です。

■「GR-PEACH」に取り込んだ画像を確認する

[1] 「TeraTerm」を実行。

[2] 「シリアル」を選択。
　ポートの項目を「mbed Serial Port (COMxx)」に設定して、「OK」をクリック。

133

[3]「設定」→「シリアルポート」をクリック。

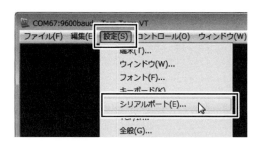

[4]「ボー・レート」を「230400」に設定し、「OK」をクリック。

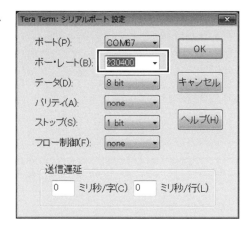

[5]「GR-PEACH」の「リセット」ボタンを押す。

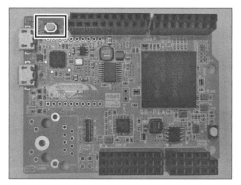

[6]「12」を入力し、「Enter」を押す。

すると、「Please push the SW(on the Motor drive board)」と表示される。

[3-5] カメラで撮影した画像を、PCで確認する

[7]「ファイル」→「ログ」をクリック。

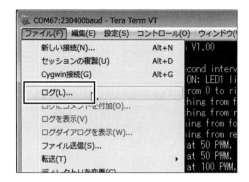

[8]保存先を「csvjpeg103」フォルダに設定し、ファイル名を「test.csv」にしてから、「保存」をクリック。(「103」の)部分はバージョンにより異なる)。

[9]「モータドライブ基板」のプッシュスイッチを押す。

[10]画像データの取り込みが始まる。

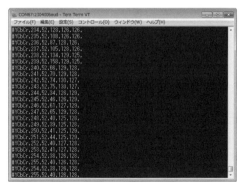

135

第3章 実践編 「マイコンカー」を走らせよう

[11] 取り込みが終わったら、「TeraTrme」を閉じる。

そのあと、「csvjpeg103」フォルダを開き、「csv_jpg_convert.bat」ファイルを実行する。
(「103」の部分はバージョンにより異なる)。

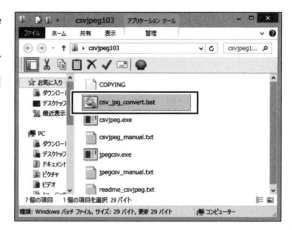

[12]「test.csv.jpg」ファイルが生成される。

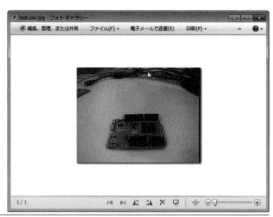

3-6 カメラを使った「ライントレース制御」

■ プログラムのインポート

[1] 検索ボックスに「Micon Car Rally」と入力し、検索。

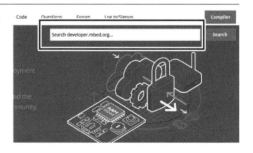

[2]「Teams / Micon Car Rally」をクリック。

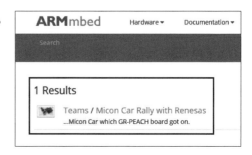

[3-6] カメラを使った「ライントレース制御」

[3]「TraceMark_Program」をクリック。

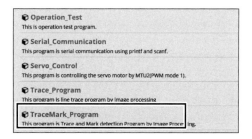

[4]「Import this program」をクリックし、プログラムをインポート。

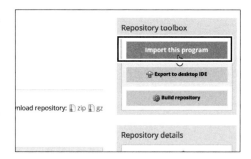

[5]「Import」をクリック。

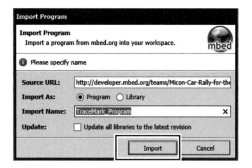

[6]「main.cpp」をクリックすると、ソースプログラムが表示されるので、「コンパイル」をクリック。

コンパイルが終わったら、binファイルをMBEDストレージにドラッグ＆ドロップ。

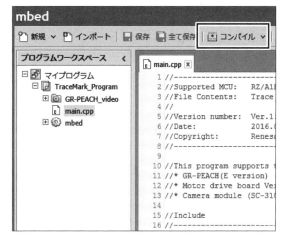

137

第3章 実践編 「マイコンカー」を走らせよう

■ プログラムについて

「TraceMark_program」のプログラムの内容で、ポイントとなる部分を解説します。

●「デジタル・センサ」を使ったライントレースの考え方

従来「マイコンカー」の白線検出は、コースに「赤外線」を当てて、「変調型フォトセンサ」で光を受け、光の反射が多ければ「白」、少なければ「黒」と判断をしていました。

「カメラモジュール」も基本原理は一緒です。
光の反射量で明るい(白色)、暗い(黒色)、色(赤、緑、青など)を判別できます。
その中でも、「白」と「黒」を判別することができれば、「ライントレース制御」ができます。

＊

では、「デジタル・センサ」が横に4個並んだ状態でライントレースする方法を考えてみましょう。

最初に想定されるセンサの状態ですが、「白線」が中心にあると仮定して、白線の両脇に2個ずつセンサを並べて、コースの状態を検出するようにします。

次に、そのときの「左モータのPWM値」「右モータのPWM値」「ハンドル切れ角」を考えます。
センサが中心のときは、ハンドルをまっすぐにしてスピードを上げます。
そしてセンサのズレが大きくなればなるほど、「ハンドルの曲げ角」を大きくして、左モータ、右モータのスピードを落とします。

表3-6-1 ライントレースによるハンドル制御

コースとセンサの状態	センサを読み込んだときの値	16進数	ハンドル角度	左モータPWM	右モータPWM
	0000	0x00	0	100	100
	0010	0x02	3	80	76
	0011	0x03	12	50	40
	0001	0x01	20	30	21
	0100	0x04	-3	76	80
	1100	0x0c	-12	40	50
	1000	0x08	-20	21	30

[3-6] カメラを使った「ライントレース制御」

・センサの読み込み
```
switch( (digital_sensor()&0x0f) ) {
```

センサの状態を読み込みます。右2個、左2個のセンサを読み込むので、「0 x 0f」でマスクします。

センサの状態によってプログラムを分岐させる部分は、「switch-case文」を使います。

・直進
```
case 0x00:
    /* センタ→まっすぐ */
    handle( 0 );
    motor( 100 ,100 );
    break;
```

センサが「0x00」の状態です。

次の図のようにまっすぐ進んでいる状態で、サーボ角度「0度」、左モータ「100％」、右モータ「100％」で進みます。

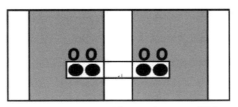

図3-6-1　センサが「0x00」のときの状態

・左寄り
```
case 0x02:
    /* 微妙に左寄り→右へ微曲げ */
    handle( 3 );
    motor( 80 ,76 );
    break;
```

センサが「0x02」の状態です。次の図のように、「マイコンカー」が微妙に左に寄っています。

サーボを右に「3度」、左モータ「80％」、右モータ「76％」で進み、中心に寄るようにします。

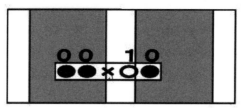

図3-6-2　センサが「0x02」のときの状態

・中くらい左寄り

```
case 0x03:
    /* 中くらい左寄り→右へ中曲げ */
    handle( 12 );
    motor( 50 ,40 );
    break;
```

　センサが「0x03」の状態です。次の図のように、「マイコンカー」がやや左に寄っています。

　サーボを右に「12度」、左モータ「50％」、右モータ「40％」で進み、減速しながら中心に寄るようにします。

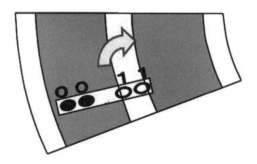

図3-6-3　センサが「0x03」のときの状態

・大きく左寄り

```
case 0x01:
    /* 大きく左寄り→右へ大曲げ */
    handle( 20 );
    motor( 30 ,21 );
    break;
```

　センサが「0x01」の状態です。、次の図のように、「マイコンカー」が大きく左に寄っています。

　サーボを右に「20度」、左モータ「30％」、右モータ「21％」で進み、かなり減速しながら中心に寄るようにします。

[3-6] カメラを使った「ライントレース制御」

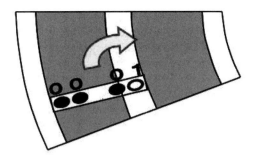

図3-6-4　センサが「0x01」のときの状態

・右寄り
```
case 0x04:
    /* 微妙に右寄り→左へ微曲げ */
    handle( -3 );
    motor( 76 ,80 );
    break;
```

センサが「0x04」の状態です。次の図のように、「マイコンカー」が微妙に右に寄っています。
　サーボを左に「3度」、左モータ「76％」、右モータ「80％」で進み、中心に寄るようにします。

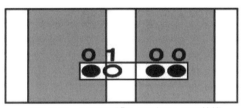

図3-6-5　センサが「0x04」のときの状態

・中くらい右寄り
```
case 0x0c:
    /* 中くらい右寄り→左へ中曲げ */
    handle( -12 );
    motor( 40 ,50 );
    break;
```

センサが「0x0c」の状態です。次の図のように、「マイコンカー」が少し右に寄っています。
　サーボを左に「12度」、左モータ「40％」、右モータ「50％」で進み、減速しながら中心に寄るようにします。

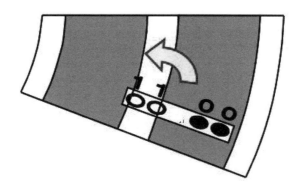

図3-6-6　センサが「0x0c」のときの状態

・大きく右寄り

```
case 0x08:
    /* 大きく右寄り→左へ大曲げ */
    handle( -20 );
    motor( 21 ,30 );
    break;
```

センサが「0x08」の状態です。次の図のように、「マイコンカー」が大きく右に寄っています。

サーボを左に「20度」、左モータ「21％」、右モータ「30％」で進み、かなり減速しながら中心に寄るようにします。

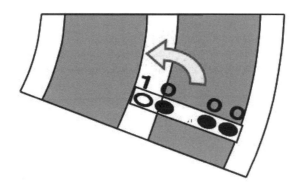

図3-6-7　センサが「0x08」のときの状態

[3-6] カメラを使った「ライントレース制御」

●カメラによる「ライントレース制御」の考え方

「デジタル・センサ」による「ライントレース制御」は、横に4個並んだセンサが白線の位置を検出して、「ハンドル角度」「モータ速度」の制御を行なっていました。

カメラによるライントレースも、ある1ラインを抽出し、コースの色が「白」、または「黒」を検出して、「ハンドル角度」や「モータ速度」の制御を行ないます。

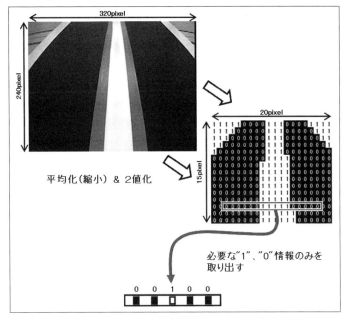

図3-6-8 カメラによる「ライントレース制御」

■ 画像データから「モノクロ成分」を抽出

「NTSC」規格は、いくつかの通信フォーマットがあります。
ここでは、「YCbCr422」フォーマットに対応した画像データ配列を、以下に示します。

表3-6-2 「YCbCr422」フォーマット対応の画像データ配列

	ピクセル0	ピクセル1	ピクセル2	ピクセル3	ピクセル4	ピクセル5	ピクセル6	ピクセル7
輝度 (グレースケール)	Y0	Y1	Y2	Y3	Y4	Y5	Y6	Y7
色差分(青)	Cb0		Cb1		Cb2		Cb3	
色差分(赤)	Cr0		Cr1		Cr2		Cr3	

「GR-PEACH」に入力された画像データを読み込むと、「FrameBuffer_Video_A」または「FrameBuffer_Video_B」に、Y、Cb、Crデータが下記の順番で格納されます。

```
FrameBuffer_Video_A[ ] = { Y0, Cb0, Y1, Cr0, Y2, Cb1, Y3, Cr1... }
```

*

Yデータのみを抽出する関数を下記に示します。

Image_Extraction関数	
書式	void Image_Extraction(unsigned char *Data_Y);
内容	「FrameBuffer_Video_A」または「FrameBuffer_Video_B」に取り込まれた画像(YCbCr)データからY成分のデータのみを抽出し、引数に指定された配列に格納します。
引数	抽出した「Y成分」の配列の先頭アドレスを指定します。
例	`unsigned char ImageData[320*240];` `Image_Extraction( ImageData );`

■ 画像の縮小(平均化処理)

「Y成分」のみを抽出した画像を縮小します。

「Y成分」のみを抽出した画像データは、1pixelあたり2バイトあり、「320×240pixel」のpixelデータでは、「153,600バイト」(153KB)にもなります。

「マイコンカー」の制御周期は、モータが「1ms」、サーボモータが「16ms」、カメラの性能にも寄りますが、1フレームぶんの画像取得に「34ms」(30fpsの場合)かかります。

つまり、最低でも「34ms」に1回以上、白線の位置を検出しなければなりません。

しかし、「34ms」間に「153KB」を処理するのは、大変困難です。

そのため、画像を縮小し、ライントレースに必要な最小限のデータ量にします。

今回は、「16×16pixel」の値を平均化した値を1pixelに変換し、画像サイズを「320×240pixel」から「20×15pixel」に縮小します。

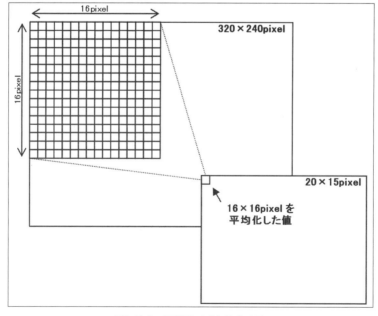

図3-6-9　画像サイズを縮小する

[3-6] カメラを使った「ライントレース制御」

Image_Compression2関数	
書式	void Image_Compression2(unsigned char *Data_Y, int Data_W , unsigned char *Comp_Y, int Comp_M);
内容	「Y成分」を抽出した画像を縮小します。
引数	**＜縮小前の画像データ＞** 　unsigned char *Data_Y:Yデータ配列の先頭アドレス 　int Data_W:画像ピクセル幅 **＜縮小後の画像データ＞** 　unsigned char *Comp_Y:データ配列の先頭アドレス 　int Comp_M:縮小率(平均化するピクセル幅/1ピクセル) ※値は、2乗数になるようにしてください(たとえば、2、4、8、16、32など)。

例	`unsigned char   ImageData[320*240];`
	`unsigned char   ImageComp[20*15];`
	
	`Image_Compression2( ImageData, 320, ImageComp, 16 );`

■ 2値化

「Y成分」のみを抽出した画像データを、しきい値を境にして「2値化」します。

「Y成分」の値が「0」に近ければ「黒」、「255」に近ければ「白」となります。

「GR-PEACHマイコンカー」を走らせる空間の明るさにも寄りますが、ここではしきい値を「128」に設定し、128以上は「1」(白)、128未満は「0」(黒)にします。

＊

しきい値の設定は、「Binarization_process」関数の中で設定します。

ここでは、「threshold」変数の値を「128」にしています。それぞれの環境に合わせて値を調整してください。

```
// Binarization_process
//------------------------------------------------------------//
void Binarization_process( unsigned char *Comp_Y,
 unsigned char *Binary, long items )
{
    int     i, threshold;

    threshold = 128;
    for( i = 0; i < items; i++ ) {
        if( Comp_Y[i] >= threshold )   Binary[i] = 1;
        else                           Binary[i] = 0;
    }
}
```

第3章 実践編 「マイコンカー」を走らせよう

Binarization_process関数	
書式	void Binarization_process(unsigned char *Comp_Y, unsigned char *Binary, long items);
内容	「Y成分」を抽出した画像を、「2値化」します。
引数	**＜変換前の画像データ＞** unsigned char *Comp_Y：Yデータ配列の先頭アドレス **＜変換後の画像データ＞** unsigned char *Binary：2値化データ配列の先頭アドレス long items：変換するピクセルの数

例	`unsigned char    ImageComp[20*15];`
	`unsigned char    ImageBinary[20*15];`
	
	`Binarization_process( ImageComp, ImageBinary, 20*15 );`

■「ライントレース」に必要な情報を取り出す

　これまでの処理で、画像データの読み込み、Y成分の抽出、画像の縮小、画像の2値化を行なってきました。
　最後に2値化した画像から、「ライントレース」に必要な情報を取得します。

＊

　「GR-PEACHマイコンカー」は、「ライントレース・ロボット」です。そのため、常に入力される画像を解析しながら走行します。

　ハンドルや速度制御を行なうには、できるだけ先の情報が必要です。
　しかし、先を見過ぎると画像の変化が大きく、ライン検出に誤差が生じやすくなります。

　ここでは、画像の中心より少し下の「12列」の1ラインを検出し、ライントレースするようにします。

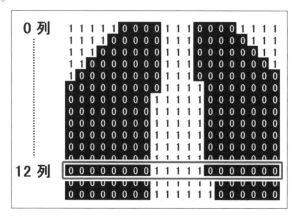

図3-6-10　情報を取得する部分

[3-6] カメラを使った「ライントレース制御」

CenterLine_Corrective関数

書式	int CenterLine_Corrective(unsigned char *Binary);
内容	画像から「白線」の位置を検出し、左右それぞれ2個ずつセンサの位置を求めます。
引数	unsigned char *Binary：2値化データ配列の先頭アドレス
戻り値	エラーの数

例	`unsigned char    ImageBinary[20*15];`
	
	`CenterLine_Corrective( ImageBinary );`

digital_sensor_process関数

書式	void digital_sensor_process(unsigned char *Binary);
内容	「CenterLine_Corrective」関数で求めた左右のセンサ位置から「1(白)」「0(黒)」の情報を読み込みます。また、この関数は、1msごとの割り込み関数内で利用します。 読み込んだ「1(白)」「0(黒)」の情報は、グローバル変数「sensor_value」に格納します。
引数	unsigned char *Binary：2値化データ配列の先頭アドレス unsigned char *Binary：2値化データ配列の先頭アドレス

例	`unsigned char    ImageBinary[20*15];`
	
	`digital_sensor_process( ImageBinary );`

digital_sensor関数

書式	unsigned char digital_sensor(void);
内容	「センサ情報」を読み込みます。
戻り値	グローバル変数「sensor_value」に格納されている値を読み込みます。 sensor_value bit0：右端のセンサ　"1"(白)、"0"(黒) bit1：右中のセンサ　"1"(白)、"0"(黒) bit2：左中のセンサ　"1"(白)、"0"(黒) bit3：左端のセンサ　"1"(白)、"0"(黒) bit4：中心のセンサ　"1"(白)、"0"(黒) bit5：none　（読み込んだ場合、"0"が読み込まれます） bit6：none　（読み込んだ場合、"0"が読み込まれます） bit7：none　（読み込んだ場合、"0"が読み込まれます）

例	`c = digital_sensor()&0x0f`
	`//センサ状態が"0000 0010"なら、`
	`c=0x02`
	
	`c = digital_sensor()&0x0f`
	`//センサ状態が"0000 1100"なら、`
	`c=0x0c`

3-7　カメラを使った「マーク認識」

■ 画像を使ったマーク検出の仕組み

「マイコンカー」のコース上に「白色の三角マーク」（▽）を見つけたら、停止するようにします（「▽」を「止まれ」の標識に見たてる感じです）。

マークの検出は、2次元の処理でしか見つけることができません。
また、カメラの向きや角度によって映り方が違うため、100％の確率で見つけることは、たいへん難しいです。

＊

「GR-PEACHマイコンカー」では、次の手順に従って検出処理を行ないます。

---

①カメラ画像の読み込み
②Y成分の抽出
③画像の縮小（320×240pixel→20×15pixel）
④画像の2値化
⑤テンプレートの標準偏差の計算
⑥読み込んだ画像の標準偏差の計算
⑦共通分散の計算
⑧相関係数の計算（テンプレート画像と読み込んだ画像の一致率の算出）
⑨「85％以上」の一致率で「▽マーク」と判定する

「20×15pixel」の縮小した2値化データを確認すると、「▽マーク」は次ページの図3-7-1のようになります。
また、この比較パターンを元に読み込んだ画像の中から、「三角パターン」を検出します。
ここでの比較パターンは、「3×5pixel」にします。

比較パターン（3×5pixel）を横方向から比較していき、1ラインぶんが終わったら次のラインを比較していきます。
常に比較パターンの一致率を確認し、「85％以上」なら「三角パターン」を検出したと判断します（次ページ図3-7-2）。

①から④までは、「ライントレース制御」と同様の処理になります。
⑤から⑨は、以降の内容で解説します。

[3-7] カメラを使った「マーク認識」

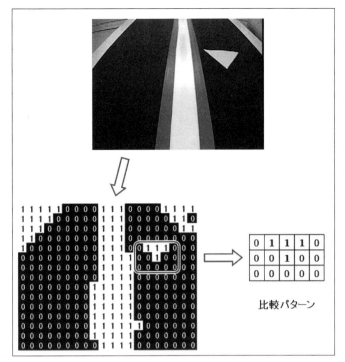

図3-7-1 「▽マーク」のパターンを検出

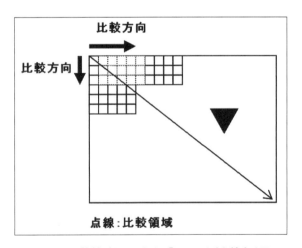

図3-7-2 比較パターンから、「▽マーク」を検出する

■ 相関係数（画像の一致率）

「相関係数」とは、2つの確率変数の間にある線形な関係の強弱を測る指標です。

ここでは、「▽マークのテンプレート」と「入力された画像」を比較し、3×5pixelの「1」「0」情報の関係性がどれだけ強いかを、相関係数で導き出します。

＜相関係数を求める式＞

相関係数＝共分散÷（テンプレート画像の標準偏差×入力された画像の標準偏差）

●「偏差」と「標準偏差」の求め方

「標準偏差」は、以下の手順で求めます。

①平均値　＝3×5pixelデータの合計値÷15pixel
②偏差　　＝各pixelデータ−平均値
③分散　　＝偏差の二乗の合計÷15pixel
④標準偏差＝分散の平方根（ルート）

これらの計算をプログラム化すると、次のようになります。

【リスト3-7-1】「標準偏差」を求めるプログラム

```c
// Standard deviation
//----------------------------------------------------------------//
double Standard_Deviation( unsigned char *data, double *Devi, int items )
{
    int         i;
    double      iRet_A, iRet_C, iRet_D;

    /* A 合計値　平均化 */
    iRet_A = 0;
    for( i = 0; i < items; i++ ) {
        iRet_A += data[i];
    }
    iRet_A /= items;

    /* B 偏差値 */
    for( i = 0; i < items; i++ ) {
        Devi[i] = data[i] - iRet_A;
    }

    /* C 分散 */
    iRet_C = 0;
    for( i = 0; i < items; i++ ) {
        iRet_C += ( Devi[i] * Devi[i] );
    }
    iRet_C /= items;

    /* D 標準偏差 */
    iRet_D = sqrt( iRet_C );

    return iRet_D;
}
```

[3-7] カメラを使った「マーク認識」

Standard_Deviation関数

書式	double Standard_Deviation(unsigned char *data, double *Devi, int items);
内容	偏差と標準偏差を求めます。
引数	unsigned char *data：配列の先頭アドレス　//マークのテンプレートデータ double *Devi：配列の先頭アドレス　//偏差の格納配列 int items：ピクセル数(▽マーク：15)
例	```double TempDevi_Triangle[15];
unsigned char TempBinary_Triangle[15] = {0,1,1,1,0,
                                         0,0,1,0,0,
                                         0,0,0,0,0};
volatile double retDevi_Triangle;

retDevi_Triangle = Standard_Deviation(
TempBinary_Triangle, TempDevi_Triangle, 15);``` |

●「共分散」の求め方

「共分散」とは、「テンプレートの偏差」と「比較画像の偏差」を掛け合わせたものの平均です。

「共分散」は、以下の手順で求めます。

①＝偏差[0]（テンプレート）×偏差[0]（比較画像）
　　：
　　：
⑮＝偏差[15]（テンプレート）×偏差[15]（比較画像）

共分散＝①〜⑮の合計値÷15（ピクセルの数）

　　　　　　　　　　　　　　　＊

これらをプログラム化すると、次のようになります。

[リスト3-7-2]「共分散」を求めるプログラム

```
// Covariance
//------------------------------------------------------------//
double Covariance( double *Devi_A, double *Devi_B, int items )
{
    int     i;
    double  iRet, iRet_buff;

    iRet = 0;
    for( i = 0; i < items; i++ ) {
```

第3章 実践編 「マイコンカー」を走らせよう

```
        iRet_buff = Devi_A[i] * Devi_B[i];
        iRet     += iRet_buff;
    }
    iRet /= items;

    return iRet;
}
```

Covariance関数	
書式	double Covariance(double *Devi_A, double *Devi_B, int items);
内容	共分散を求めます。
引数	double *Devi_A：配列の先頭アドレス　//マークテンプレートの偏差 double *Devi_B：配列の先頭アドレス　//比較画像の偏差 int items：ピクセル数（▽マーク：15）

例	`double       TempDevi_Triangle[15];`
	`double       NowDevi[30];`
	`volatile double retCovari;`
	
	`retCovari  = Covariance( TempDevi_Triangle, NowDevi, 15 );`

● 「相関係数」の求め方（画像の一致率）

先の説明で「標準偏差」「共分散」を求めました。

「相関係数」は次の式で求めることができます。

$$画像の一致率 = \frac{共分散}{標準偏差（テンプレート）\times 標準偏差（比較画像）}$$

これらをプログラム化すると、次のようになります。

【リスト3-7-3】「相関係数」を求めるプログラム

```
// Judgement_ImageMatching
//-----------------------------------------------------------//
int Judgement_ImageMatching( double covari, double SDevi_A, double SDevi_B )
{
    int     iRet;

    iRet  = ( covari * 100 ) / ( SDevi_A * SDevi_B );

    return iRet;
}
```

[3-7] カメラを使った「マーク認識」

Judgement_ImageMatching関数	
書式	int Judgement_ImageMatching(double covari, double SDevi_A, double SDevi_B);
内容	相関係数を求めます。
引数	double covari：共分散 double SDevi_A：テンプレートの標準偏差 double SDevi_B：比較画像の標準偏差 戻り値 相関係数で求めた割合(-100～100%) -100%：反転一致 　0%：不一致 100%：一致
例	```volatile double retDevi_Triangle; volatile double retDevi; volatile double retCovari; retJudgeIM = Judgement_ImageMatching(retCovari, retDevi_Triangle, retDevi);```

　一般的には、相関係数の値が「70％以上」あれば、比較した2枚の画像の関係性が強いと判定されますが、今回は「Judgement_ImageMatching」関数の相関係数の値が「85％以上」あれば、「▽マーク」と判定することにします。

【リスト3-7-4】MarkCheck_Triangle関数

```
// MarkCheck Triangle detection
// Return values: 0: no triangle mark, 1: Triangle mark
//-------------------------------------------------------------//
int MarkCheck_Triangle( int percentage )
{
    int ret;

    ret = 0;
    if( retJudgeIM_Max[0] >= percentage ) {
        ret = 1;
    }
    return ret;
}
```

　マークの相関係数の計算は、1msごとの割り込み関数内で実行しています。

MarkCheck_Triangle関数

書式	int MarkCheck_Triangle(int percentage);
内容	入力された画像に▽マークがあるかどうかを判定します。
引数	int percentage：-100〜100　　//しきい値 ※マークの一致する割合
戻り値	マークと一致しているかを確認し結果を返します。 1：一致 0：不一致
例	```\nif(MarkCheck_Triangle(85)) {\n led_status_set(MARK_T);\n break;\n``` ※マーク検出したら、LEDの表示を変えています。

●その他の関数

Image_part_Extraction関数

書式	void Image_part_Extraction(unsigned char *Binary, int Width, int Xpix, int Ypix, unsigned char *Data_B, int x_size, int y_size);
内容	2値化した画像データから指定した範囲を抽出する関数。
引数	unsigned char *Binary：配列の先頭アドレス　　//2値化データ int Width：画像の幅 int Xpix：X軸の開始位置 int Ypix：Y軸の開始位置 unsigned char *Data_B：配列の先頭アドレス　　//取得したデータを格納する配列 int x_size：抽出する画像の幅 int y_size：抽出する画像の高さ
戻り値	なし

例	```\nunsigned char ImageBinary[160*120];\nunsigned char NowImageBinary[30];\n```
	「x＝11、y＝6」を原点として、抽出するピクセル「幅＝5、高さ＝3」の場合は、次のように記述します。
	
	```\nImage_part_Extraction(ImageBinary, 20, x, y,\nNowImageBinary, 5, 3);\n```

[3-7] カメラを使った「マーク認識」

■「シリアル通信」を使った画像のデバッグの方法

●概要

「シリアル通信」を使い、2値化した画像をリアルタイムでデバッグする方法について紹介します。

■ プログラムのインポート

[1]検索ボックスに「Micon Car Rally」と入力し、検索。

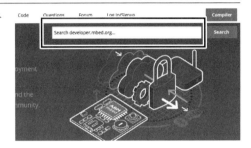

[2]「Teams / Micon Car Rally」をクリック。

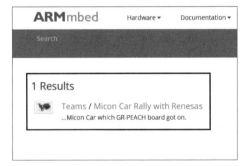

[3]「Display_Debug」をクリック。

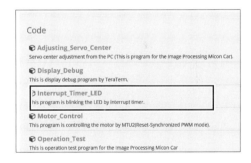

[4]「Import this program」をクリックし、プログラムをインポート。

第3章 実践編 「マイコンカー」を走らせよう

[5]「Import」をクリック。

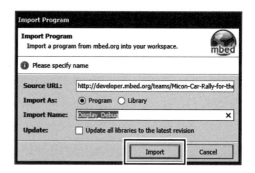

[6]「main.cpp」をクリックすると、ソースプログラムが表示されるので、「コンパイル」をクリック。

コンパイルが終わったら、binファイルをMBEDストレージへドラッグ&ドロップ。

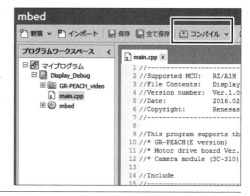

■ 動作確認

[1]「TeraTerm」を実行。

[2]「シリアル」を選択。

ポートの項目を「mbed Serial Port (COMxx)」に設定して、「OK」をクリック。

[3]「設定」→「シリアルポート」をクリック。

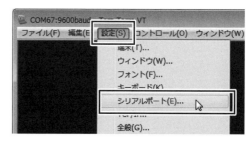

156

[3-7] カメラを使った「マーク認識」

[4]「ボー・レート」を「230400」に設定し、「OK」をクリック。

[5]「GR-PEACH」のリセットボタンを押す。

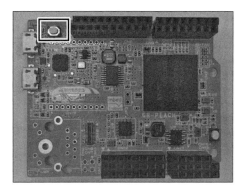

[6]「Please push the SW (on the Motor drive board)」と表示されるのを確認。

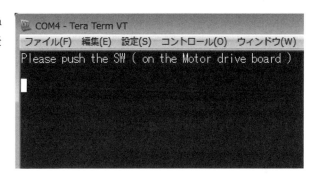

[7]「モータドライブ基板」のプッシュスイッチを押す。

157

第3章 実践編「マイコンカー」を走らせよう

[8] 下図のように、二値化した画像がリアルタイムで表示される。

画面左下には、「相関係数による▽マークの一致率」と「マーク座標」を表わしている。

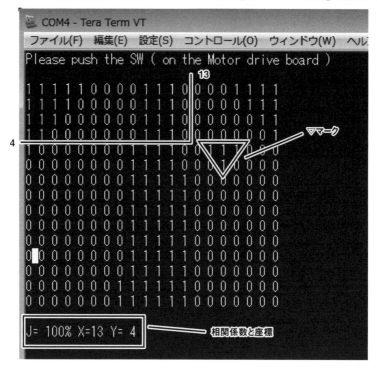

附 録

附録A 「Arduinoスケッチ」を作るためのツール
附録B クラウドへの接続
附録C その他の「GRリファレンス・ボード」

附録A 「Arduinoスケッチ」を作るためのツール

　第1章でも解説しましたが、「GR-PEACH」は「Arduino互換のピン端子」をもっています。
　そこで、「ルネサス・エレクトロニクス」社では、以降で紹介する、Arduinoと同様のスケッチ(プログラム)で開発ができるようなツールを提供しています。

＊

　Arduino言語で使われる「digitalWrite」や「analogRead」「Serial」クラスといった基本的なAPIライブラリのほか、「Wire」や「SPI」「SDカードのファイル操作」「Etherクラスを使ったWebアクセス」など、応用的な「APIライブラリ」も同様の文法で扱うことができます。

　これによってArduinoで動作するプログラムを、ほとんどそのまま「GR-PEACH」でも利用することができ、Arduinoの性能では限界のあったアプリケーションも、高性能な「GR-PEACH」に移行することで実現性が高くなります。

■ Webコンパイラ

　「Webコンパイラ」は、mbedの「オンライン・コンパイラ」と同様の、Webブラウザでプログラム開発ができるツールです。

　「http://gadget.renesas.com/」から「ログイン」することで、自分だけのストレージが作られ、インターネットが接続すれば、どこからでもプログラム開発を進めることができます。
　「ログイン」には「MyRenesasアカウント」が必要ですが、「ゲストログイン」を選ぶと、お試しで使うこともできます。

附　録

図A-1　「Webコンパイラ」のログイン画面

図A-2は、「Webコンパイラ」でのプログラム開発画面です。

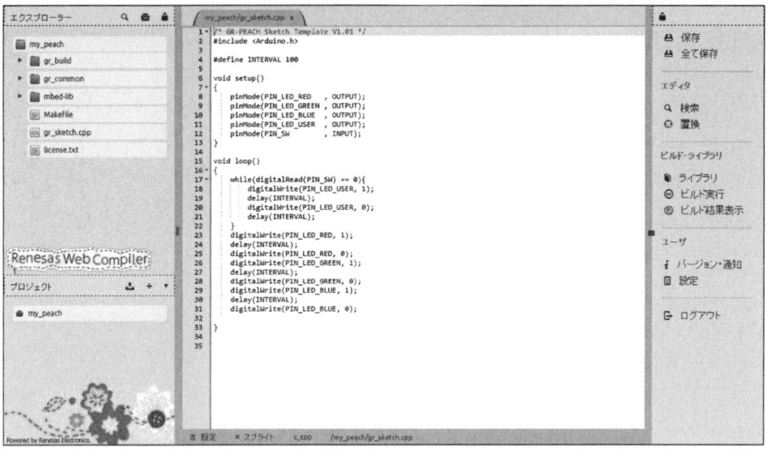

図A-2　「Webコンパイラ」のプログラム開発画面

以下のWebサイトに、最初の使い方が記載されているので、参照してください。

http://gadget.renesas.com/ja/product/peach_sp1.html

図A-3　「Webコンパイラ」の使い方は、Webサイトで解説されている

[附録A] 「Arduinoスケッチ」を作るためのツール

■ IDE for GR

「IDE for GR」は「Arduino IDE」と同様の操作感覚で使える、オフラインのプログラム開発環境です。

サンプルの「読み込み」「コンパイル」「シリアルモニタでの結果表示」までが、スムーズにできます。

ダウンロードは、以下のWebサイトから行なってください。

http://gadget.renesas.com/ja/product/ide4gr.html

図A-4　IDE for GR

■ Arduinoスケッチの例

Arduinoのスケッチの作り方やサンプルは、インターネット上に数多く公開されていますが、初めての人に向けて簡単に紹介します。

*

以下のプログラムは、「GR-PEACH」の「赤LED」を点滅するだけのプログラムです。

【リストA-1】「GR-PEACH」の「赤LED」を点滅させるプログラム

```
#include <Arduino.h>  // Webコンパイラを使う際に必要な記述

// 1度だけ実行されるsetup関数
void setup() {
  pinMode(PIN_LED_RED, OUTPUT);      //赤LEDのポートを出力
  digitalWrite(PIN_LED_RED, HIGH);   //赤LEDを点灯
}

// setup関数の後に繰り返されるloop関数
void loop() {
  digitalWrite(PIN_LED_RED, LOW);  //赤LEDを消灯
  delay(200);                      //200ms待つ
  digitalWrite(PIN_LED_RED, HIGH); //赤LEDを点灯
  delay(200);                      //200ms待つ
}
```

標準的なC言語のプログラムは、「main」関数から始まりますが、Arduinoでは一度だけ呼ばれる「setup」関数から始まります。

そしてそのあと、「loop」関数が繰り返し実行されます。

「pinMode」で赤LEDを制御するポートを出力(OUTPUT)に設定し、「digitalWrite」でポートを「HIGH」にすることで赤LEDが点灯、「LOW」にすることで消灯します。

「loop」関数内では「delay」関数で200msのウェイトを行い、LEDの点灯と消灯を「loop」関数で繰り返すことで点滅を実現しています。
このプログラムは、**第2章のリスト2-2-1**と同様の動作です。

*

「mbed」と「Arduino」は、ともに「C++言語」で開発を行ないますが、提供されるAPIの仕様が違います。

どちらがより使いやすいかはユーザー次第ですが、その両方を選択できる点が「GR-PEACH」のいいところでもあり、アイデアを実現していく上での近道になるはずです。

附録B　クラウドへの接続

ARM社が提供する「mbed Device Connectorサービス」を使えば、開発者やサービス提供者がサーバを構築しなくても、IoTデバイスをクラウドに接続して管理することが可能です。

このサービスは、「REST API」を通じて、IoTアプリケーション、エンタープライズ・ソフトウェア、Webアプリケーション、およびクラウドスタックから容易に統合して利用可能になります。

以降では、「GR-PEACH」を使った、「mbed Device Connectorサービス」の使用例を解説します。

■クラウド側のサービス

クラウド側の接続サービスは、「https://connector.mbed.com」から利用可能です。
「developer.mbed.com」のアカウントを使ってログインします。

図B-1　mbed Device Connectorサービス

■ デバイス側の設定方法

デバイス側は、「mbed Client」という「mbed Device Connector」接続用ソフトを利用します。

「mbed Client」は、mbed OSの一部として提供されているオープンソースのライブラリですが、Linuxやサードパーティ製RTOSからも使用可能です。

ここでは、従来のmbedライブラリ（mbed "classic"）から使ってみます。

*

以下のリンクから、サンプル・プログラムをインポートしてください。

https://developer.mbed.org/users/MACRUM/code/mbed-client-classic-example/

■「デバイスへの証明書」のインストールとビルド

サンプル・プログラムに含まれる「security.h」には、自分のアカウントで生成した証明書を使います。

「connector.mbed.com」にアクセスし、「My Devices」から「Security Credentials」へのリンクをクリックしてください。

その後、「GET MY DEVICE SECURITY CREDENTIALS」ボタンをクリックし、デバイス用に生成された証明書を表示して、その内容を「security.h」にコピー＆ペーストします。

「security.h」には、デバイス用のエンドポイント名も含まれています。

「mbed Device Connectorサービス」では個々のデバイスの認識とユーザーアカウントの紐付けを行ないます。

コンパイルして再生されたバイナリファイルを「GR-PAECH」に書き込みます。

実行時のログを取得するには、「115200bps、パリティなし、8ビットデータ、1ストップビット」の設定でターミナルソフトと接続します。

Ethernetケーブルを接続し、「GR-PAECH」のリセットボタンを押して、サンプル・プログラムを実行します。IPアドレスに続いて、「Registered」が表示されたら成功です。

■「mbed Device Connectorサービス」の動作確認

「connector.mbed.com」の「Dashboard」ページをリロードすると、「My Devices」の「Connected Devices」（現在接続されているデバイス数）が増えているのが確認できます。

「mbed Device Connectorサービス」は、Webアプリケーションからデバイスを容易

附　録

に取り扱えるように、HTTP上でRESTfulなWebインターフェイスを提供します。

また、実際のWebアプリケーションを作る前の段階での動作チェックに有効な、「API Console」が利用できます。

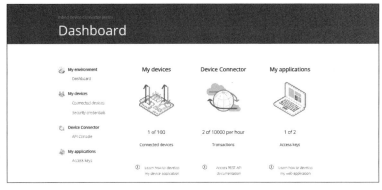

図B-2　デバイスが接続された例

■ API Console の使用例

「Device Connector」の「API Console」を選択します。

「Endpoint directory lookup」をクリックすると利用可能な「REST API」(HTTPのコマンド)が表示されています。

「GET /endpoints/{endpoint-name}」をクリックし、「Select endpoint」ドロップダウンリストをクリックすると、接続されているデバイスのエンドポイント名が表示されるので、それを選択し、「TEST API」ボタンを押します。

これで、「Response」の部分に、エンドポイントから読み出されたリソースが表示されます。

図B-3　デバイスのリソース表示例

[附録B] クラウドへの接続

＊

他のAPIも試してみましょう。

デバイスの側サンプルコードには、ボード上のボタンを押した回数を返すリソースが実装されています。

「GR-PEACH」上のユーザーボタンUSER_BUTTON0）を何回か押してみます。

次に「Endpoint directory lookup」の「GET /endpoints/{endpoint-name}/{resource-path}」をクリックします。

「Select endpoint」ドロップダウンリストで接続されたデバイスを選択し、「Resource-path」から「/Test/0/D」を選択し、「TEST API」ボタンを押すと、図B-4のようにデバイスからのレスポンスとともに、ボタンを押した回数が「payload」からエンコードされて表示されます。

図B-4　デバイスからのレスポンス例

＊

このように、「mbed Device Connectorサービス」の「API Console」は、実際のWebアプリケーションを作る前の動作確認と、利用する「REST API」のデバッグ用にも効率的に使うことができます。

■Webアプリのサンプル

ほかにも、以下のようなWebアプリがサンプルとして、GitHub上で公開されています。

＜JAVAで記述されたサンプルアプリケーション＞

https://github.com/ARMmbed/mbed-webapp-example

＜mbed-connector-api-pythonの使用例＞

https://github.com/ARMmbed/mbed-connector-api-python-quickstar

165

附録C　その他の「GRリファレンス・ボード」

「GR-PEACH」には、姉妹版とも言える「GRリファレンス・ボード」がいくつか販売されています。

それらがどういったものなのか、簡単に紹介します。

■ GR-SAKURA

「GR-SAKURA」(ジーアール・サクラ)は、「RX63N」のMCU(マイクロ・コントローラ)を採用した「GRリファレンス・ボード」です。

「Arduino UNO」と互換性があり、各種シールドを搭載できます。

スタンダードな「GR-SAKURA」と、LANコネクタなどを搭載した「GR-SAKURA-FULL」の2種類があります。

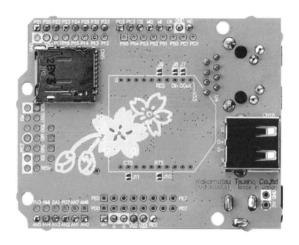

図C-1　GR-SAKURA

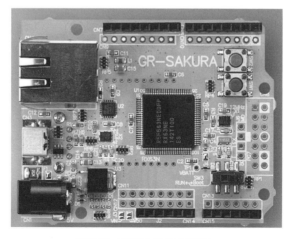

図C-2　GR-SAKURA-FULL

[附録C] その他の「GRリファレンス・ボード」

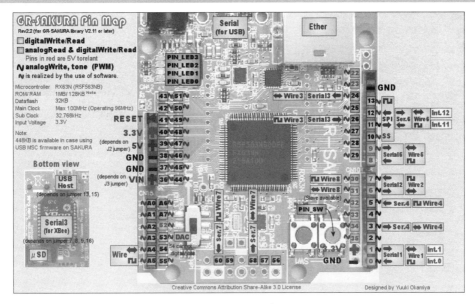

図C-3 「GR-SAKURA」ピンアサイン図

●仕様

搭載マイコン	RX63N (R5F563NBDDF P 100pin QFP)
ROM/RAM	1MB/128KB
Data flash	32KB
動作周波数	96MHz (外部発振12MHzを8逓倍)
サブクロック	32.768kHz
動作電圧	3.3V
ボード搭載	USBホスト/ペリフェラル(排他使用)、Ethernet、Micro SDソケット、XBee用インターフェイス、JTAGインターフェイス、DC電源ジャック(5V)、ユーザスイッチ、リセットスイッチ、Arduinoシールド用インターフェイス、ユーザー用LED、USBマスストレージ・ライクなプログラム書き込み

■ GR-KURUMI

「GR-KURUMI」(ジーアール・クルミ)は、「RL78/G13」のMCUを採用した「GRリファレンス・ボード」で、「Arduino Pro Mini」と互換性があります。

小型の基板で、電池一本で動作し、「省電力モード」「時計」「フルカラーLED」を搭載しています。

附録

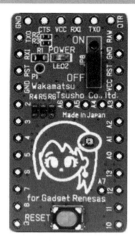

図C-4　GR-KURUMI

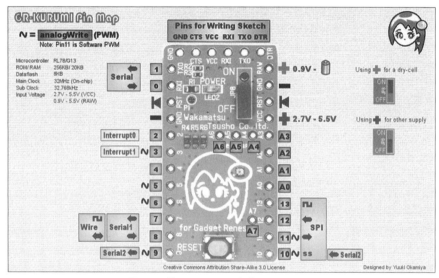

図C-5　「GR-KURUMI」ピンアサイン図

●仕様

搭載マイコン	RL78/G13(R5F100GJAF B 48pin QFP)
ROM/RAM	256KB/20KB
Data flash	8KB
メインクロック	32MHz（マイコンに内蔵）
サブクロック	32.768kHz
動作電圧	2.7V〜5.5V※

※マイコンの下限は1.6Vだが、ライブラリの仕様上、2.7Vからサポート。

[附録C] その他の「GRリファレンス・ボード」

■ GR-KAEDE

「GR-KAEDE」(ジーアール・カエデ)は、「RXファミリRX64Mグループ」のMCUを採用した「GRリファレンス・ボード」です。

カメラ用の専用バス、オンボードSDRAMによって、最大「10fps」のVGAクラスの画像処理を可能としています。

また、「Arduino UNO」と互換性がある端子配置、ライブラリが準備されており、マイコンの専門知識がなくても導入が容易になっています。

図C-6　GR-KAEDE

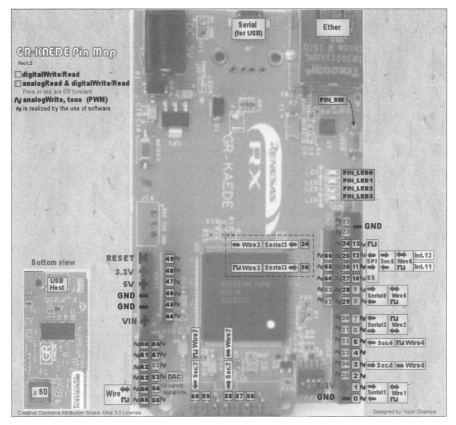

図C-7　「GR-KAEDE」ピンアサイン図

附　録

図C-8　オプションのカメラモジュールを利用することで、画像処理が可能になる

●仕様	
搭載マイコン	RX64M（R5F564MLCDFB 144pin QFP）
ROM/RAM	4MB[※]/552KB
Data flash	64KB
動作周波数	96MHz（外部発振12MHzを8逓倍）
サブクロック	32.768kHz
動作電圧	3.3V
ボード搭載	USBホスト/ペリフェラル(排他使用)、Ethernet、Micro SDソケット、JTAGインターフェイス、DC電源ジャック(5V)、ユーザスイッチ、リセットスイッチ、Arduinoシールド用インターフェイス、カメラボード用インターフェイス、ユーザ用LED、USBマスストレージ・ライクなプログラム書き込み

※USBマスストレージ書き込み使用時は、約1920KBまで使用可能。

■ GR-COTTON

「GR-COTTON」（ジーアール・コットン）は、「コイン電池」(CR2032)を取り付けることができる小型な丸い基板に「フルカラーLED」を搭載した、「GRリファレンス・ボード」です。

「GR-KURUMI」と同じく、「RL78/G13」のMCUを採用しており、Arduinoと互換性のあるスケッチができます。

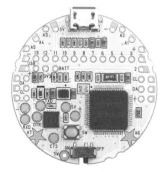

図C-9　GR-COTTON

[附録C] その他の「GRリファレンス・ボード」

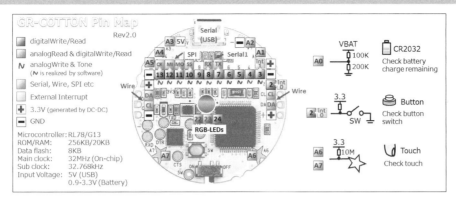

図C-10 「GR-COTTON」ピンアサイン図

●仕様

搭載マイコン	RL78/G13 (R5F100LJAFB 64pin LFQFP)
ROM/RAM	256KB/20KB
Data flash	8KB
メインクロック	32MHz（マイコンに内蔵）
サブクロック	32.768kHz
動作電圧	3.3V※

※マイコンの動作電圧は1.6V～5.5V

■ GR-CITRUS

「GR-CITRUS」（ジーアール・シトラス）は、現在β版評価中の「GRリファレンス・ボード」です（そのため、仕様などは変更される可能性があります）。

　特徴としては、「Ruby」が気軽に使える小型ボードで、Chrome Appの「Rubic」を使うことでプログラムの作成から実行までを、スムーズに行なうことができます。
　また、「Ruby」だけでなく、「Arduino」と互換性のあるスケッチを作ることも可能です。

　このほか、「ESP8266」を搭載したボードの「WA-MIKAN」と組み合わせることで、Wi-Fi通信やマイクロSDカードを使ったシステムをプロトタイプすることができます。

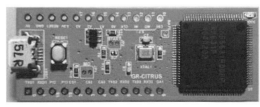

図C-11 GR-CITRUS

附　録

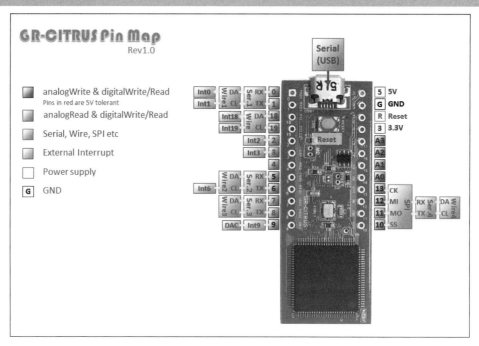

図C-12　「GR-CITRUS」ピンアサイン図

●仕様	
搭載マイコン	RX631 (R5F5631FDDFP 100pin QFP)
ROM/RAM	2MB/256KB
Data flash	32KB
動作周波数	96MHz(外部発振12MHzを8逓倍)
サブクロック	32.768kHz
動作電圧	3.3V
ボード搭載	リセットスイッチ、20ピン拡張インターフェイス、ユーザー用LED

＊

　これらの詳細については、「がじぇっとるねさす」ページの上部メニューにある、「アイテム」から確認することができます。
　興味のある方は、参照してみてください。

http://gadget.renesas.com/ja/product/

[附録C] その他の「GRリファレンス・ボード」

図C-13 「がじぇっとるねさす」の「アイテム」ページ

図C-14 各製品ページからは、「技術サポート」や「スケッチリファレンス」などの情報を確認できる

索 引

50音順

《あ行》
- **あ** アイソクロナス転送ライブラリ ……… 48
- アプリケーション・プロセッサ ……… 8
- **い** インポート ……… 33
- **え** 映像出力 ……… 21,61
- 映像の取り込み ……… 20,130
- エディタ ……… 25
- **お** オーディオの再生 ……… 58
- オンライン・コンパイラ ……… 24

《か行》
- **か** 開発環境 ……… 24
- 価格 ……… 8
- 画像の一致率 ……… 149,152
- カメラ設定コマンド（MT9V111用） ……… 54
- カメラ入力 ……… 83,130
- カメラ入力フォーマット ……… 84
- カメラの設定値 ……… 50
- カメラモジュール ……… 49,83,85
- **き** 逆転 ……… 92,95
- 共分散 ……… 151
- **く** 駆動系電源コネクタ ……… 90
- クラウドサービス ……… 162
- **こ** 固定IPアドレス ……… 51
- コンポジット映像信号 ……… 83

《さ行》
- **さ** サーボモータの回転制御 ……… 121
- サーボモータの動作原理 ……… 106
- サーボモータ用コネクタ ……… 91
- 彩度100％コマンド ……… 55
- サインアップ ……… 28
- サンプルの検索 ……… 69
- サンプルを利用する ……… 70
- **し** シールド拡張コネクタ ……… 10
- ショート・ジャンパ ……… 18

- シリアル通信 ……… 40,155
- 白黒画像コマンド ……… 55
- **す** 垂直反転コマンド ……… 55
- スイッチ ……… 12
- 水平反転コマンド ……… 55
- スピード制御 ……… 93,98
- スミア ……… 83
- **せ** 正転 ……… 92,95
- セットアップ ……… 27
- センサ ……… 66
- センサを探す ……… 66
- センサをつなぐ ……… 76
- 専用無線LANモジュールコネクタ ……… 16
- **そ** 相関係数 ……… 149,152

《た行》
- **た** ターミナルソフトに情報を出力 ……… 39
- ターン・オフ遅延時間 ……… 99
- ターン・オン遅延時間 ……… 99
- 短絡を防止する方法 ……… 101
- **ち** 遅延時間 ……… 99
- **て** 停止 ……… 95
- デューティ比 ……… 93
- 電圧低下 ……… 19
- 電源構成（マイコンカー） ……… 82
- 電源用モニタLED ……… 92

《は行》
- **は** パルス幅変調 ……… 93
- 半固定抵抗 ……… 93
- **ひ** 左モータ・コネクタ ……… 91
- 標準偏差 ……… 150
- ピンアサイン図 ……… 12,13,14,15,16
- ピンソケット ……… 14
- **ふ** ファームウェア書き換え ……… 18
- プッシュスイッチ ……… 92
- フリー ……… 95
- ブレーキ ……… 92,95
- プログラムの公開 ……… 25
- プログラムのビルド ……… 32

- **へ** 平均化処理 ……… 144
- ヘルプ ……… 25
- 偏差 ……… 150
- **ほ** ボリューム ……… 93

《ま行》
- **ま** マーク検出 ……… 148
- **み** 右モータ・コネクタ ……… 91
- **む** 無線LANコネクタ ……… 10
- **も** モータドライブ基板 ……… 105
- モータドライブ基板Ver.5 ……… 87,112,121
- モータドライブ基板の役割 ……… 92
- モータの回転制御 ……… 112
- モータの回し方 ……… 95
- モノクロ成分の抽出 ……… 143

《や行》
- **ゆ** ユーザースイッチ ……… 10

《ら行》
- **ら** ライブラリ ……… 33
- ライントレース制御 ……… 136,146
- **り** リセットスイッチ ……… 10

《わ行》
- **わ** 割り込み ……… 107
- 割り込み関数 ……… 109

アルファベット順

《A》
- A/Dコンバータ ……… 39
- Arduino互換ピン端子 ……… 13
- AUDIO CAMERA Shield ……… 20,49

《B》
- Binarization_process関数 ……… 146
- BP3595 ……… 10,16,19

索 引

《C》
CCD イメージセンサ ················ 83
CenterLine_Corrective 関数 ···· 147
CMOS イメージセンサ ············· 83
Cortex-A ······························ 8,24
Covariance 関数 ···················· 152
CVBS ···································· 83

《D》
digital_sensor_process 関数 ··· 147
digital_sensor 関数 ················ 147

《E》
Ethernet を使う ······················ 45

《F》
FET ······································ 96

《G》
GR-PEACH ······························ 7
GR-PEACH Shield for MCR 基板
·············· 86
GR-PEACH-FULL ····················· 8
GR-PEACH-FULL の構造 ··········· 9
GR-PEACH-NORMAL ················ 8
GR-PEACH の特徴 ···················· 8
GR-PEACH マイコンカー ········· 81
GR-PEACH 専用シールド ········ 20
GR-SAKURA 互換 /GR-PEACH
専用拡張ピン端子 ············ 14
GR リファレンス・ボード ······ 166

《H》
handle 関数 ·························· 129
H ブリッジ回路 ······················ 96

《I》
I2C アドレス ·························· 76
I2C インターフェイス ············· 19
I2C 通信 ································ 41
IDE for GR ·························· 161
Image_Compression2 関数 ···· 145
Image_Extraction 関数 ·········· 144
Image_part_Extraction 関数
·············· 154
init_MTU2_PWM_Motor 関数
·············· 120

init_MTU2_PWM_Servo 関数
·············· 129
IP アドレス ··························· 51

《J》
Judgement_ImageMatching 関数
·············· 153

《L》
LCD Shield ················ 21,22,61
LED ······································ 12
LED2 ···································· 92
LED3 ···································· 92
LED チカチカ ························ 32
LM75BD ······························· 41

《M》
MAC アドレス ······················· 45
MarkCheck_Triangle 関数 ····· 154
mbed ································ 7,23
MicroSD カードスロット ····· 11,13
microSD にデータを保存 ········ 42
MicroUSB コネクタ ················ 10
motor 関数 ·························· 120
MT9V111 カメラモジュール ···· 49
MTU2_PWM_Motor_Start 関数
·············· 121
MTU2_PWM_Motor_Stop 関数
·············· 121

《N》
NTSC 入力 ···························· 51
NTSX ··································· 83
N チャネル ·························· 102

《O》
OV5642 カメラモジュール ······ 49

《P》
PAL ······································ 83
Pull-Up 抵抗 ························· 18
PWM ··································· 18
P チャネル ·························· 102

《R》
RZ/A1H ························ 7,10,92
RZ/A1H の特徴 ····················· 11

《S》
SB の使用口変更（USB0 → USB1）
·············· 46
SECAM ································ 83
Standard_Deviation 関数 ······· 151

《T》
Ticker ································· 109
timer 関数 ···························111

《U》
USB Mouse 以外の機能を使用
·············· 46
USB シリアル通信ドライバ ····· 30
USB のファンクションとして使う
·············· 46
USB の転送速度変更 ·············· 46
USB ホストとして使う ········ 47,59

《V》
VBUS ··································· 47
void intTimer(void); 関数 ········111

《W》
Web カメラ ··························· 48
Web コンパイラ ··················· 159
Wi-Fi 無線通信 ······················ 16

《X》
Xbee ···································· 10
XBee モジュール対応コネクタ
·············· 16

数値
10 ピンコネクタ ····················· 90
2 値化 ································· 145
4 ピンコネクタ ······················ 91

175

GADGET RENESASプロジェクト
（がじぇっとるねさす）

"「アイデア」と「エレクトロニクス」をつなぐ" がコンセプトのプロジェクト。

①「アイデア」を高速に「プロトタイピング」できるアイテムの提供
② コミュニティの場作り
③ 商品化支援イベントの企画
── などを通じて、ユーザーに夢のある楽しいものづくりの支援をしている。

[著者略歴]

新野　崇仁（にいの・たかひと）：1章

(株)コア・エンベデッドソリューションカンパニー

学生時代、アルバイトで必死に貯めたお金で、いわくつきの名(迷?)機「X68000」を購入して、ソフト/ハード開発に目覚め、以後「無ければ作る」「できそうならやる」の精神を守り、専門外の知識も取り込みつつ多種多様なボード開発を行なう。
2012年から「ASURA」シリーズの開発に従事し、その経験から「GR-PEACH」開発設計を担当。

山中　知之（やまなか・ともゆき）：2章

ルネサス・エレクトロニクス（株）

2005年NECマイクロシステム（株）に入社。
組み込みエンジニアとして、「カーオーディオ」向け制御マイコンのファームウェア開発に従事。
2014年ルネサス・エレクトロニクス（株）に移籍後、「GADGET RENESAS」の活動や「mbed」の世界に触れ、これらと連携したソフト開発を担当。
本書で紹介したドライバやライブラリを中心とした、サンプル・ソフトの作成に従事。

近野　哲也（こんの・てつや）：3章

(株)日立ドキュメントソリューションズ

北海道札幌琴似工業高校を卒業後、高校時代に経験をした組み込み技術（マイコンカー）を生かし、2008年ルネサス・テクノロジ（現：ルネサス エレクトロニクス）に組み込みエンジニアとして在籍。
協賛企業側として「ジャパン・マイコンカー・ラリー」業務に参画し、講習会講師、先端技術を使ったマイコンカーの製作など、技術部門を経験。
2016年現在、(株)日立ドキュメントソリューションズに在籍し、「ジャパン・マイコンカー・ラリー」大会の運営、技術サポートを行ないながら、教育現場へ先端技術の普及に向けて活動している。

渡會　豊政（わたらい・とよまさ）

アーム（株）

国内半導体メーカーで10年間、表示系LSIの技術サポートに従事。
その後、外資系企業でデバッガ、携帯電話用リアルタイムOSの開発と技術サポートなどの業務を経て、2009年にアーム（株）に入社。
アプリケーションエンジニアとしてコンパイラと、統合開発環境「DS-5」「MDK-ARM」などの開発ツールを担当。
2013年からmbedチームに加わり、ソフト開発と日本のパートナーおよびデベロッパのサポート業務に従事。

質問に関して

本書の内容に関するご質問は、

① 返信用の切手を同封した手紙
② 往復はがき
③ FAX(03)5269-6031
　（ご自宅のFAX番号を明記してください）
④ E-mail　editors@kohgakusha.co.jp

のいずれかで、工学社編集部あてにお願いします。
なお、電話によるお問い合わせはご遠慮ください。

サポートページは下記にあります。

[工学社サイト]
http://www.kohgakusha.co.jp/

I/O BOOKS

「GR-PEACH」ではじめる電子工作

平成28年 9月20日　第1版第1刷発行　ⓒ 2016	著　者　GADGET RENESAS プロジェクト
平成28年10月30日　第1版第2刷発行	編　集　I/O編集部
	発行人　星　正明
	発行所　株式会社 工学社
	〒160-0004 東京都新宿区四谷 4-28-20 2F
	電話　(03)5269-2041(代) [営業]
	(03)5269-6041(代) [編集]
	振替口座　00150-6-22510

※定価はカバーに表示してあります。

[印刷] シナノ印刷（株）

ISBN978-4-7775-1970-5